手工木工基础

体验纯正手工制作的乐趣

〔美〕史蒂夫·布莱纳姆◎著　方旭标◎译

北京科学技术出版社

免责声明：

由于木工操作本身存在受伤的风险，因此本书无法保证书中的技术对每个人来说都是安全的。如果你对任何操作心存疑虑，请不要尝试。出版商和作者不对本书内容或读者为了使用书中的技术使用相应工具造成的任何伤害或损失承担任何责任。出版商和作者敦促所有操作者遵守相应的安全指南。

著作权合同登记号 图字：01-2020-7710

图书在版编目（CIP）数据

手工木工基础 /（美）史蒂夫·布莱纳姆著；方旭标译 . — 北京：北京科学技术出版社，2024.5

书名原文：Hand Tool Basics

ISBN 978-7-5714-3534-9

Ⅰ. ①手… Ⅱ. ①史… ②方… Ⅲ. ①手工—木工—基本知识 Ⅳ. ① TS656

中国国家版本馆 CIP 数据核字（2024）第 010670 号

策划编辑：刘　超		电话传真：	0086-10-66135495（总编室）
责任编辑：刘　超			0086-10-66113227（发行部）
责任校对：贾　荣	网　　址：	www.bkydw.cn	
图文制作：天露霖文化	印　　刷：	北京顶佳世纪印刷有限公司	
责任印制：李　茗	开　　本：	889 mm × 1194 mm　1/16	
出　版　人：曾庆宇	字　　数：	400千字	
出版发行：北京科学技术出版社	印　　张：	16.25	
社　　　址：北京西直门南大街16号	版　　次：	2024年5月第1版	
邮政编码：100035	印　　次：	2024年5月第1次印刷	
ISBN 978-7-5714-3534-9			

定价：138.00元

前言

为什么使用手工工具?

本书介绍的木工作品都是纯手工工具制作的,也许有人会问:"既然已经有了电动工具,为什么还要使用手工工具呢?"

我可以不假思索地回答,最实际的原因是手工工具容易获得,使用方便。电动工具往往受到资金预算不足和场地空间不足的限制,很多人也不喜欢电动工具产生的噪声和粉尘。手工工具则没有这些问题,且可以完成与电动工具同样的操作。

如果需要罗列更多的理由,手工操作可以带给操作者过程的享受应该是最重要的一点。用手工工具制作作品更有乐趣,更容易带来满足感。当然,如果你不想使用手工工具完成全部操作,把手工工具和电动工具搭配起来使用也是没有问题的。

不同的使用方式

木工操作方法经过历代工匠的千锤百炼,演化出了各种形式。现在,世界各地都有木匠,某些木工操作具有明显的地域特色,某些木工操作则明显受到某个大师或木工流派的影响。

最重要的一点是,凡是经过时间检验的方法都是行之有效的,哪怕有些方法看起来大相径庭。

本书介绍的方法主要是基于英国以及北美地区的传统,我们统称为"西方风格",以区别于亚洲地区的"东方风格"。两种风格只是一种基于基本特点的划分,其内部并非铁板一块。同样是"西方风格",英国的木工风格与欧洲大陆的木工风格明显不同,同样是"东方风格",其内部也有多种各具特色的流派。

地域风格的差异首先体现在工具上。例如,欧式锯是在前推锯片时完成切割的,而东方的锯子则是在后拉锯片时完成切割。地域风格的差异同样体现在工具的使用技术上。

本书介绍的手工工具历史悠久,即便有些经过现代改良后以新的形式出现,但追根溯源,它们都有数百年的历史。

掌握的技术越多,操作的灵活性越大,基于现有工具或具体作品的制作要求随机应变的余地越大。

灵活使用工具非常重要。可能90%的操作可以以一种方式完成,但剩下的10%的操作则有必要寻求一些变化。持之以恒地坚持某种操作方式虽然有利于提高操作效率,但一成不变也会导致思维的僵化。

木匠往往喜欢尝试不同的操作方法,所以我会介绍一些颇有争论的方法供大家学习参考,并对其基本操作过程和基本原理进行分解和剖析,告诉你它们为什么有效。之后,你可以根据自己现有的工具和技术水平,选择最适合你的方法。

工具配备

我的手工工具各式各样,老式的、新式的都有。使用何种手工工具取决于成本控制和操作效率。

手工木工房的优势之一是,投入的资金不高。配备入门手工工具的花费在500~1000美元,通常一套研磨系统、一个木工桌、木工桌所需的各种配件,以及完成基本操作所需的其他基本工具就足够了,没有必要花费更多。随着你的技艺日益娴熟,再根据需要配置专门的工具,你的投资这个时候才真正开始。

手工木工房的另一个优势是,操作所需的空间较小,长6 ft(1.8 m)、宽4 ft(1.2 m)的空间已足以完成很多操作。走廊里、储物间、房间角落、楼梯下、花园凉棚或后院都可以进行手工木工的制作。

虽然木工房越宽敞越好,但手工木工的这种适应性带给你极大的便利,特别是当你居住的公寓空间狭小的时候。

练习

使用手工工具就和弹奏乐器一样,需要坚持不懈地练习。

你可以想象一下学习弹吉他的过程。首先必须学会调音,清楚手指在琴颈的不同位置所产生的音符或和音,然后反复练习拨动琴弦,并形成肌肉记忆,才能掌握这项技能。

师傅领进门，修行在个人。学习者不能只是纸上谈兵，必须勤加练习，熟极而流，才能真正掌握所学的技艺。木工学习不仅需要反复锤炼技能，还要坦然面对各种错误。对待错误的正确态度是：首先，不要过于担心；然后，把错误当作提高能力的学习机会。

材料

在入门阶段，选用北美乔松这样的软木比较合适。软木质地较软，容易操作，且价格低廉，供应充足，容易获得。在入门阶段应避免使用硬木。

使用软木学习木工操作的优势在于，它们易于加工，不会增加额外的挑战，从而使你可以制作多种多样的作品，并在这个过程中熟练掌握工具的使用和控制。

随着操作日益熟练，你可以使用樱桃木、胡桃木、枫木、橡木和桃花心木等硬木制作作品。这时候你会发现，处理不同类型的木材使用的技术略有不同，木材对工具的反应也存在差别，所以你需要学习一些新的技巧来应对这种变化。

从锯木厂直接购买的木材是粗材。将粗材的正面和背面刨削平整，得到的板材被称为两面光板材（S2S）；在两面光板材的基础上继续刨平板材宽度方向的两个侧面，得到的板材就是四面光板材（S4S）。

木材必须干燥以控制含水量。干燥木材可以在露天或棚内环境长时间自然气干，也可以在大型窑炉内快速窑干（窑干木材通常标记为"KD"）。

锯木厂或木材场通常出售粗材、两面光板材和四面光板材。这些板材可以是气干的，也可以是窑干的。家居中心一般只销售窑干的四面光板材（S4S KD）。

某种木材的价格是由其加工工序决定的。粗材价格最为便宜，两面光板材次之，四面光板材最为昂贵。粗材在售出时，厂家会标记木板的厚度和宽度。顾客可以根据自身需要进一步将粗材刨削到所需的规格尺寸。

粗材的厚度通常为 ¼ in（6.4 mm）的整数倍数，标识为 4/4、6/4 和 8/4 等，分别对应 1 in（25.4 mm）、1½ in（38.1 mm）和 2 in（50.8 mm）的板材厚度。此外，刨光板材存在额外损耗，通常厚度方向会减少 ¼ in（6.4 mm），宽度方向会减少 ½ in（12.7 mm）。例如，购买标记为 1 in × 6 in（25.4 mm × 152.4 mm）的四面光板材，其实际厚度只有 ¾ in（19.1 mm），实际宽度为 5½ in（139.7 mm）。如果你购买的是粗材，同样需要考虑刨削后的损耗，购买宽度和厚度尺寸足够的粗材。

体力劳动

很多人认为，使用手工工具制作木工作品属于体力劳动，必定耗时费力。相比使用电动工具，手工操作的确需要消耗大量体力，但手工操作同样可以高效进行，同时合理管理和分配体力。

制作的作品不同，消耗的体力也不同；而且，加工硬木要比加工软木更费力。不过，只要把一件作品分解为几个部件，然后分步骤完成，就可以简化流程，减少工作量。

像其他体力劳动一样，木工操作必须有条不紊。操作者要控制好节奏，不能操之过急。

夹具和引导工具

无论是市售的，还是自制的夹具和引导工具，都可以用于各种木工操作。关于木工操作方法的优与劣，往往是公说公有理，婆说婆有理。引导工具利弊的争论也很常见。

赞成使用引导工具的理由包括：

• 可以更好地控制操作；

• 可以提供更为精确的角度、对齐以及定位；

• 可以完成某些徒手无法完成的操作。

反对使用引导工具的理由有：

• 如果过度依赖引导工具，就很难提高技能，难以在没有引导工具的情况下完成操作；

• 需要与制作工具配合使用，且需要额外制作；

• 增加了处理环节，需要更长时间进行设置。

哪种观点更有说服力，取决于引导工具的类型、制作的作品以及操作者水平的高低。有人认为必不可少的工具，在另外一些人眼里却可有可无。

有些时候，使用引导工具的确可以提高操作效率。例如刨削台，可配合手工刨对部件的端面或侧面进行精确角度刨削。

某些引导工具的使用则被认为只是画蛇添足。例如制作燕尾榫的锯切引导工具、研磨凿子和刨刀的研磨夹具等。

可行的方法是，在必要的时候使用它们，在你认为可以的场合放弃使用它们。

设置引导工具虽然会增加工作量，但很多操作没有它们确实会一塌糊涂。在相应的操作不够熟练之前，使用引导工具还是十分必要的。引导工具是为了提高操作技能，而不是为了取代它。提高木工技能的道路曲折而漫长，引导工具能够为你提供帮助。

目录

第 1 章

工具

木工桌

木工桌用于固定部件和完成部件的各种处理。木工桌配备了各种固定配件，台钳是其中最为常见的。当然，也有很多固定配件可以代替台钳。

木工桌的类型多样，不同的木工桌各有千秋，成本也是天差地别。木工桌的成本主要取决于是自己制作，还是购买成品，同时还要考虑配备的固定配件的种类和数量。

大而厚重的木工桌，操作时稳如泰山，这在使用手工刨刨削时体现得尤为明显。轻便的木工桌，最大的问题是容易滑动，也可能摇晃。折叠式木工桌适合在公寓等空间狭窄的场所使用，不用时可将木工桌折叠起来放在角落。你还可以将折叠式木工桌带到其他地方使用。

木工桌的尺寸，必须综合考虑高度、重量、结构、配备的配件和成本等多种因素。

工具

基本的手工工具包括手锯、手工刨、凿子，以及测量和画线工具。除此之外，还有很多专用工具。

初学木工时，要从基本工具入手，随着技能的提高，再根据需要添置工具，没有必要配备大量工具后才开始动手学习木工操作。

购买木工工具通常有两种选择：第一种，高品质的老式手工工具，它们是过去的工匠赖以谋生的武器；第

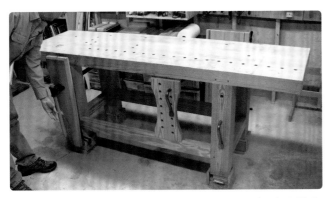

全尺寸木工桌，长约 6 ft（1.8 m），宽约 2 ft（0.6 m），台面厚重，桌腿台钳使用台钳螺丝制作，价格便宜。制作木工桌的材料费用约为 400 美元，台钳约 70 美元。

简易木工桌，长约 4 ft（1.2 m），宽约 2 ft（0.6 m），安装有一个可以快速装卸部件的台钳。制作这款木工桌的材料费用只有约 70 美元，而台钳价值 150 美元。

便携式可折叠木工桌，长约 4 ft（1.2 m），宽约 2 ft（0.6 m），制作材料费用约 50 美元。

便携式可折叠木工桌，长约 4 ft（1.2 m），宽约 2 ft（0.6 m），是左图中可折叠木工桌的改进版。这款木工桌使用购自家居中心的规格材制作，并配备较为便宜的简易台钳，其材料成本低于 50 美元，台钳成本约 20 美元。

二种，高品质的新式高档工具，注意不要购买便宜劣质的新式工具。

高品质的木工工具，无论老式的还是新式的，都具有设计合理、材质上乘、做工精湛的特点。这样的工具虽然价格较贵，但使用寿命长，值得购买。相反，那些便宜的新式工具通常是使用普通材料批量生产的，制作不够精良，使用寿命短，因此不值得购买。

老式手锯和新式手锯。

左侧：三只老式木制手工刨。右侧：三只老式金属刨。

新式木制手工刨。

左侧：老式金属手工刨。右侧：高品质的高档新式金属手工刨。

从左至右：老式的重型榫眼凿；轻型的新式榫眼凿；老式的精细匠凿；老式的开榫凿；高品质的高档新式台凿。

上方：老式折叠尺。中间：新式的木工划线规。下方：老式组合角尺、新式的划线刀和金属划线规、老式直角尺。

上方：老式曲柄钻及其钻头、手摇钻和新式卡片刮刀。中间：老式平槽刨，小巧的新式平槽刨。下方：老式鸟刨和新式鸟刨，新式肩刨和老式斜刃成形刨。

安全操作

在介绍木工手工工具之前，我们先花点时间讨论木工房的安全问题。手工工具和厨房工具类似，在安全性方面一般不会有问题，需要注意的是，这类工具通常刃口锋利，免不了会刮伤手指，因此需要准备一些创可贴以备不时之需。

真正算得上危险的木工手工工具可能只有凿子，它就像厨房的大菜刀，又长又锋利。其他木工手工工具都很安全。

大多数的安全事故都是由于操作时精神不集中，或者操作方法不当，或者操作时用力过猛造成的。

凿子

使用凿子最安全的方式是：始终双手操作，即一只手握持凿柄，另一只手扶住凿身的某处。不要让凿子的刃口正对着身体，不要让身体的任何部位处在凿切路径的前方，尤其是空闲的那只手。

如果扶住凿身的手指靠近凿子的刃口，只露出凿子刃口的尖端，手指还可以起到限位器的作用，限制凿子凿切时移动的范围，这种方式在制作接合件接头时非常有用。

凿子的刃口尖角非常锋锐，很容易划破手臂或手掌的皮肤，造成严重的割伤。

在操作过程中，如果发生部件滑落或断裂等意外情况，必须充分估计凿子可能的路线变化。无论发生什么情况，都要确保凿子的退出路径畅通无阻。

手锯

操作锯子时，必须清楚锯切结束时锯子退出锯切的路径，避免割伤手指，尤其是位于部件下方的手指。

手工刨

如果手工刨足够大，通常需要双手操作。如果需要从下方控制手工刨，必须始终注意刨刀的切割方向，安全的做法是，手指自后向前滑动，而不是自前向后滑动。

画线工具

在使用划线刀和直角尺画线时，不要把手指放在直尺的画线边缘，保持手指远离画线路径，以免手指被刀尖划伤。划线规的画线尖端也非常锋利，所以取用划线规时要小心，不要碰到其尖端！

手摇钻

钻孔时，如果钻头会钻穿部件从其背面穿出，要特别小心，不要把手放在钻头可能钻出的位置。

木槌

在使用木槌敲击凿子时，拇指和手掌不要放在凿柄顶端，以免木槌敲击到手指或手掌。

钝刃工具

不要使用钝刃工具。钝刃工具在操作中容易滑动，偏离既定的切割路线，带来难以预料的麻烦。使用这样的工具会费时费力，所以工具钝化后应及时研磨。

手锯

手锯的结构

手锯由手柄和锯片组成。锯片锯齿侧连接手柄的一端被称为根部，远离手柄的一端被称为尖端。锯柄不仅具有装饰作用，而且符合人体工学，手感舒适。这种设计是长期改良的结果，无论单手操作，还是双手操作都很容易控制，且长时间使用不容易疲劳。

握持手柄不需要使用5根手指，3根手指即可，食指则沿手柄向前伸直。向前伸直的食指作用很大，我形容它为"扳机指"。以这种方式操作手工刨和手锯具有更好的控制性，可以避免工具摆动，并保持特定的角度，尤其是在使用小型细木工锯进行精细锯切以及使用手工刨刨削木板边缘时，控制效果更为明显。

要养成使用食指辅助控制工具的习惯，即使操作精度要求不高也要坚持这样做。对于刚开始学习使用手锯和手工刨的学生，我会特别强调这一点，这是最重要的事情之一。

锯片锯齿侧与手柄连接的一端为根部，远离手柄的一端为尖端。手柄设计合理，手感舒适，长时间使用不易使人疲劳。

扳机式握锯法展示：3根手指弯曲握住手柄，同时拇指按紧，食指向前伸直。

空闲手放在手柄顶部，4指弯曲，与拇指一起握紧手柄。

手柄上下的"角"提供了另一种握持方式。

手锯的种类

常用的手锯有三种类型，即普通手锯、带有锯背的细木工锯（夹背锯）和框锯（有时也被称为弓锯）。普通手锯中较短的版本也被称为板锯。

普通手锯主要依靠锯片的厚度增强其整体刚性，而细木工锯的锯片较薄，主要通过锯背提供整体刚性。框锯的锯片窄而薄，较为柔韧，主要通过调节其张力改变整体刚性。

可以根据锯齿的类型把这些手锯分为两类：纵切锯和横切锯。纵切锯用于平行于木材纹理锯切（类似于将纸张纵向撕成纸条的情形），横切锯用于横向于木材纹理锯切。横切锯与纵切锯除了锯齿的排列不同，其他方面都一样。

斜向锯切的话,锯切面与木材纹理成一定角度(锐角),应根据这个角度为其选择手锯。如果锯切面更接近垂直于木材纹理,则选择横切锯;如果锯切面更接近与木材纹理平行,则选用纵切锯。此外,还有多种兼有横切锯锯齿和纵切锯锯齿的混合齿锯片供选择。

纵切锯锯齿最为简单,齿顶平行于锯齿基线成直线排列。横切锯锯齿排列较为复杂,锯齿的齿顶成斜线,以一定的角度左右交替排列。这两种锯齿可以使用相同

的三角锉锉削,只是锉削的角度不同。

锯齿前缘向后倾斜的角度被称为前角。横切锯锯齿的前后缘相对于锯齿基线的垂直面向水平方向倾斜的角度为"弗莱姆角"。相邻锯齿形成的底部空间为"齿槽"。锯齿的大小以齿间距或单位长度的锯齿数表示。

纵切锯锯齿的前角几乎为零;横切锯锯齿的前角可达30°,弗莱姆角可达20°。两种锯齿的齿槽角度都是60°,但是方向则因前角角度的不同而异。

上方:横切锯;下方:纵切锯。

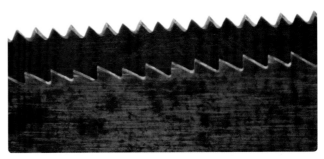

前方:纵切锯锯齿的齿顶成平行于锯齿基线的直线,锯齿前缘接近垂直于锯齿基线,锯齿后缘则与锯齿基线成较小的角度。后方:横切锯锯齿的齿顶是一条斜线,与锯齿基线成一定角度交替排列。如图所示,锯齿前缘与锯身的角度较大,锯齿后缘与锯身的角度较小,斜面更长。

研磨锯齿

研磨锯齿时,应将三角锉刀放在齿槽处,以适当的前角角度和弗莱姆角度同时锉削某个锯齿的前缘及其前面锯齿的后缘。具体操作详见第 2 章。

纵切锯的锯齿排列方式相同,因此可以相同的方式完成所有齿槽的锉削。横切锯的锯齿交替排列,因此需要根据齿槽的情况调整锉削角度。最简单的方式是,先

锉削弗莱姆角方向相同的奇数锯齿,再锉削弗莱姆角与之方向相反的偶数锯齿。以这种方式锉削锯齿,可以在每个锯齿的前缘和后缘形成交替出现的小平面。

锉削方式的不同使得纵切锯和横切锯的锯齿作用方式也不一样。使用纵切锯锯切木材时,锯齿会像小凿子一样切入木纤维之间;使用横切锯锯切木材时,锯齿会像小刀一样横向切断木纤维。简单来说,纵切锯锯齿是楔入木纤维之间,而横切锯锯齿是横向切割木纤维。

将锯片竖立,直接横向锉削纵切锯锯齿。保持锉刀与锯片垂直,横向锉削锯齿。

锉削横切锯的锯齿，应把锉刀放入齿槽中，以弗莱姆角左右交替锉削锯齿。

锯齿密度

锯齿密度以每英寸内的锯齿数表示（ppi），通常压印在锯身的根部。有时，通过研磨可以改变锯齿密度，所以实际的锯齿密度可能与锯身上的数值不符。也有可能出现印记被打磨掉的情况。

计数齿数时，可以将尺子的一端置于某个齿尖处，然后计算 1 in（25.4 mm）内，包括第一个齿尖在内的齿尖数。

计数细木工锯锯齿密度的方式与大型锯相同，不同的地方只在于细木工锯的锯齿比大型锯的锯齿小得多。

上方：横切锯锯身上压印的锯齿密度数值为 8；下方：纵切锯锯身上压印的锯齿密度数值为 6。

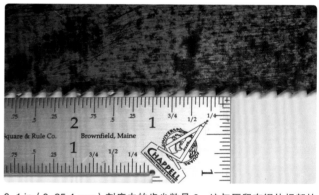

0~1 in（0~25.4 mm）刻度内的齿尖数是 6。这与压印在锯片根部的数字一致。

纵切锯的锯齿密度为 10 ppi；横切锯的锯齿密度为 13 ppi。锯齿密度的数值压印在锯背上。

细木工锯的锯齿计数方法与前面的相同。

手工刨

手工刨的规格与型号

金属欧刨是木工日常操作时频繁使用的工具，因为这类刨子大部分时间都摆放在工作台面上，所以也被叫作"台刨"，其中起刨削作用的部件叫作刨刀。

不同制造商为台刨编号的体系各异，以最常见的史丹利（Stanley）手工刨为例，用数字1~8表示，数字越小，手工刨的体量越小。此外，刨刀的刃口斜面有朝上与朝下两种安装方式。

手工刨的使用必须考虑先后顺序，大小型号。

手工刨的主要差别在于刨身的长度，这与它们的功能紧密相关。手工刨主要有3种功能：去料、刨平和刨光。去料用于快速去除多余木料；刨平是将粗糙的木料表面刨削平整；刨光则是最后将木料表面刨削光滑的步骤。很多时候，特别是对木料边缘而言，木料表面经过刨平处理后就足够光滑了，无须进行刨光。

与刨平和刨光相比，去料操作算不上精细，主要需要关注木料厚度或宽度的变化，获得接近最终要求的尺寸。去料操作完成后，接下来需要进行刨平和刨光处理，以获得精确的最终部件尺寸。

长刨身能够跨越木料表面的任何高点，有助于刨刀刨平木料表面。短刨身更适合跨在平整的表面精细刨削，而不是刨平。事实上，所有的手工刨都具有一定的刨平能力，刨身长度带来的差别在于，短刨身的手工刨更擅长精细刨削，通过产生非常精细的刨花来获得光滑的表面，而不是改变其平整度。

长刨身的手工刨适合刨平，刨平又分为刨边和刨面，因此，长刨身的手工刨又被称为修边刨或长刨。大多数木匠通常会使用同一把手工刨完成边缘和大面的刨削。短刨身的手工刨适合刨光，通常被称为细刨。

通常，1~4号手工刨刨身较短，适合刨光，6~8号手工刨刨身较长，适合刨平。对同一类型手工刨的选择还需要考虑操作者的身高和力量因素。比如，7号刨比6号刨更重、更长，3号刨比4号刨更轻。

5号刨型号居中，被称为粗刨或通用刨。我比较喜欢使用5号刨去料，因为其刨刀刃口整体带有弧度，适合深刨。相比之下，长刨和细刨的刨刀刃口都是直刃，其边角经过了倒圆角或钝化处理，以免在木材表面留下刮痕。

综上所述，手工刨使用的先后顺序是：首先用粗刨去料，然后用长刨刨平，最后用细刨刨光。

去料操作属于粗加工，刨花的厚度取决于木材种类，可以像纸一样薄，也可以厚达 ⅛ in（3.2 mm）。刨平操作比去料更为精细，刨花的厚度可以堪比薄纸，也可以与卡纸的厚度相当。刨光操作最为精细，其刨花的厚度可以薄如蝉翼，最大也就只有薄纸的程度。

也有人喜欢用粗刨完成从去料到刨平、刨光的所有操作，可能需要根据阶段更换相应的刨刀。此时，刃口斜面朝上的粗刨具有明显的优势。

从左到右：史丹利7号、6号、5号、4号、3号和2号手工刨。1号和8号手工刨实际用途不大。

最常用的3种手工刨按照使用频率由高到低排列：粗刨、长刨和细刨。

手工刨的结构

常用手工刨的主要组成部件包括刨身、辙叉（用于支撑刨刀）、刨刀、底座、把手和球形手柄。接下来，我们会通过图解的方式展示这些部件的结构及其功能。

（A）台刨的部件主要有刨身、辙叉、把手和球形手柄。（B）刨身的底面是底座，刨底上开有刨口，刨刀的刃口从刨口伸出。

刨刀与盖铁匹配使用，并通过杠杆式压盖固定在辙叉上。辙叉上的深度调节旋钮用于调节刨刀刃口的伸出尺寸，以控制刨削深度（A），还有一个水平调节杆，用于调节刨刀在刨口的角度（B）。

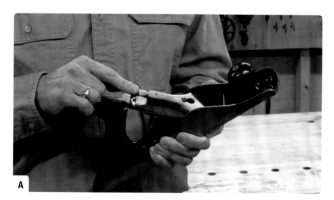

如图A所示，如果要拆下刨刀和盖铁组件，需要首先抬起压盖上的调节杆。然后滑动并取下压盖，就会露出刨刀和盖铁，如图B所示。向上滑动刨刀，并使其从中央的压盖调节螺丝处脱出，即可取下刨刀。压盖调节螺丝的作用是调节压盖锁定后的紧固幅度。抬起压盖上的调节杆可以取下压盖；压下压盖上的调节杆可以锁定压盖，此时可以通过调节螺丝调整压盖的紧固幅度。注意，调节螺丝不宜拧得过紧，以免刨刀变形，影响刨削精度。

（A）盖铁位于刨刀的上面。（B）刨刀的背面。盖铁的作用是使刨花向上卷曲脱离。盖铁刃口越靠近刨刀刃口，产生的刨花就越薄。如果需要把刨刀从盖铁上取下以研磨刨刃，应松开盖铁调节螺丝，使螺丝从刨刀中央槽末端的孔滑出。刨刀经过反复研磨后，如果磨损严重，可以更换。如果你的优质手工刨刨刃已经损坏，可以更换新的刨刀继续使用。

组装刨刀和盖铁组件。首先将刨刀横向放在盖铁上，并将盖铁调节螺丝滑入孔中，而后向上滑动刨刀，如图 A 所示。然后转动刨刀，使刨刀与盖铁对齐，刨刀与盖铁两者的刃口接近，如图 B 所示。最后用螺丝刀拧紧螺丝。这样的步骤可以防止锋利的刨刃与盖铁的刃口相互碰撞。

重新安装刨刀与盖铁组件，应首先把刨刀小心地放入刨口，并套入压盖调节螺丝，如图 A 所示。然后使刨刀刃口斜面朝下直接贴靠辙叉，把盖铁放在刨刀的上面，并盖上压盖，压下调节杆，直到压盖锁定到位，如图 B 所示。在使用之前，还要微调刨刀的刨削深度及角度。

刨刀

　　不同型号台刨的刨刀形状略有不同。5 号刨的刨刀常用于去料，其刃口呈圆弧形，方便深度刨削，通常被称为弧刃刨刀。4 号刨与 7 号刨的刨刀刃口均是直刃，

刃口两端小幅倒圆角，可以避免在刨削的重叠区域留下刮痕。

　　对于木质刨身的台刨，其刃口形状与对应型号的金属台刨一致：中号粗刨的刨刀刃口为圆弧形；长刨和细刨的刃口为直刃，刃口边角小幅倒圆角。

5 号刨的刨刀刃口成圆弧形；4 号刨和 7 号刨的刨刃为直刃，边角小幅倒圆角，这样可以避免在木料表面留下刮痕。

刨刀和盖铁组件，按照使用先后顺序：5 号粗刨、7 号长刨和 4 号细刨。对于 5 号粗刨，盖铁刃口相对于刨刀刃口回退 $1/8$ in（3.2 mm）左右；对于 7 号长刨和 4 号细刨，这个距离分别是 $1/32$ in（0.8 mm）左右和 $1/64$ in（0.4 mm）左右。

木质刨

　　木质刨，特别是精心保养的老式木质刨，与现代金属刨一样好用，不过还要看具体的操作，通常在制作同一件作品时，木质刨和金属刨搭配使用的效果会很好。两种手工刨构造不同，调节方法也大相径庭，两者的相同之处在于，其设置和调节通常都要使用木槌完成。

一种木质粗刨，只有把手，没有球形手柄。

敲击木质刨的后端可以松开或拆下刨刀，图中所示为一款木质粗刨。

木质刨同样可以通过敲击前端松开或拆下刨刀。有些木质刨的前端有一个木质或金属按钮，就是为此设计的。

敲击木质成形刨的末端可以松开或拆下刨刀。如果希望刨刃外露多一些，需要敲击木质刨或成形刨的刨刀顶端。

每次调整刨刀之后都要敲紧木楔紧固刨刀。

图中后方的是 5 号刨，其刃口斜面朝下；前方较小的是短刨，其刃口斜面朝上，这种刃口斜面朝上的小角度刨刀设置非常适合刨削端面。

几种手工刨搭配使用往往效果更好。比如，搭配使用 7 号长刨、木质粗刨以及刃口斜面朝上的短刨。

可以把手工刨放在木工桌台面上，并在底座下方垫上一根刨光的木条进行设置。这样可以抬高底座，以避免刃口碰到台面。我个人更喜欢侧立刨身进行设置，不过这样的话，手指或其他工具更容易碰到刃口，所以要十分小心。

第 2 章

研磨刀具

研磨基础知识

关于研磨，很多方面都存在争议，比如使用何种磨料、以何种方式研磨、徒手研磨还是使用夹具辅助研磨、不同等级磨料的用量以及如何研磨刃口斜面等。

木匠往往对自己喜欢的方法怀有特殊的感情，他们也因此分属不同的阵营，甚至彼此水火不容。

产生争论的原因很多，最主要的原因是无法绝对定量锋利程度。我们不能信口断言，某个刃口的锋利程度是 50%、90% 或 100%。此外，选择多样也是导致争论的重要原因。现代磨料多种多样，每一种磨料都有相应的研磨方法；各种各样的研磨夹具也都能为研磨过程提供辅助。这样排列组合下来，每一种方法都可能极具个性，从而形成仁者见仁、智者见智的局面。

你喜欢哪种方法呢？随着研磨技术的不断提高，你可能会发现，吸引你的方面也会随时间的推移而改变。

研磨步骤

研磨有三个主要步骤：粗磨、细磨和抛光。

这些操作步骤使用的磨料颗粒度会越来越细。你需要以特定的方式握持刀具，在磨料表面来回研磨，才能在刃口处形成特定的斜面角度。

粗磨是起始步骤，用于快速去除大量金属废料。

细磨是研磨的中间步骤，它的作用是重塑刃口，因此只会去除少量金属废料。

抛光是最后，也是最精细的操作，它的作用是进一步重塑刃口，几乎不会去除任何金属。

研磨工具

研磨工具主要有砂纸、油石、水石和金刚石磨石。其中水石和金刚石磨石的种类繁多。

研磨方式同样多种多样。

此外，还有多种电动研磨工具以及手摇曲柄砂轮机供选择。

形成刃口

锋利的刃口是两个平面相交形成的。例如，刨刀和凿子的刃口就是其刃口斜面与背面相交形成的。

刃口会随着工具的使用磨损变钝，变得圆润。此时的刃口呈现一定的弧度，当然，这个弧度很小。而研磨的作用就是消除这个弧度，重新获得零弧度的、两个平面完美相交的锋利刃口。随着工具刃口的再次磨损，你需要再次研磨，如此往复。

刃口斜面的角度

30° 的刃口斜面角度是木工界公认的较为理想的角度，适合大多数情况。锋利和耐用是矛盾的。刨刀和凿子 30° 的刃口斜面角度是综合平衡的结果。

刃口斜面的角度越小，刃口越锋利，切割越方便，但相应的，刃口强度也会变小，也更容易磨损。而刃口斜面的角度越大，刃口越不锋利，但更为耐用。因此，对于匠凿这样的轻型专用工具，刃口斜面角度小一些更好，通常可以降至 20° ~25°；而像榫眼凿这样的重型工具，刃口斜面的角度大一些更好，通常可以达到 35° 左右。

这里介绍的研磨方法适用于任何角度的刃口斜面，而不仅仅局限于 30° 的刃口斜面。研磨时，只需根据所需的刃口斜面角度调整设置。

刃口斜面的形状

有 3 种常见的刃口斜面形状，即双斜面、凸斜面和凹斜面。无论哪种形状，刃口斜面的角度通常都是 30°，刃口斜面的差别主要在于形状的不同。

双斜面刃口斜面由 25° 的主刃面以及 30° 的二级刃面组成，实际起切削作用的是二级刃面。

研磨双斜面，应先把整个刃口斜面研磨到 25°，之后再把靠近末端的二级刃面研磨到 30°。

在需要重新恢复主刃面的斜面角度之前，可以多次研磨二级刃面进行切削。为了获得二级刃面，需要在靠近刃口的位置研磨掉部分主刃面。这样的话，主刃面会逐渐缩小，直到需要重新研磨。

也可以同时研磨主刃面和二级刃面，每次磨掉少量金属。用这种研磨方法，主刃面和二级刃面的相对大小可以保持不变。

微刃面是双斜面研磨的一种极端形式，其刃面以主刃面为主，二级刃面则非常小，且二级刃面的角度只比主刃面的角度大1°~2°。

凸斜面的研磨要始终把紧邻刃口的二级刃面部分的角度保持在30°。至于刃口斜面的圆弧顶部，其角度不需要非常精确，控制在20°~25°的范围即可。

有人不喜欢凸斜面这种研磨方法，认为把刃口磨圆了。其实被磨圆的只是刃口斜面远离刃口的尾部，刃口并没有被磨圆。

凹斜面研磨法，同样是先用研磨机磨掉大部分的金属废料，再用磨石进行细磨和抛光。

无论哪种刃口斜面形状，二级刃面部分的斜面角度都是30°。它们的区别主要在于长期使用时保持刃口斜面角度的方法不同，有的是交替研磨主刃面和二级刃面，有的是重新研磨以形成所需的刃面。

无论哪种研磨方法，都要先经过粗磨去掉大部分金属废料，快速形成所需的刃口斜面形状，然后再细磨和抛光刃口斜面，最终得到锋利的刃口。

双斜面模型，二级刃面，即刃口部分的倾斜角度为30°，主刃面的倾斜角度为25°。

凸斜面模型，二级刃面的倾斜角度同样是30°，主刃面靠后的部分倾斜角度则较小。

对比双斜面与凸斜面两种刃面形状，其二级刃面部分的倾斜角度都是30°。

凹斜面模型，二级刃面的倾斜角度为30°，刃口斜面的中间部分向内凹陷。

研磨设备的设置

对应粗磨、细磨和抛光这3个研磨步骤，至少需要准备3种颗粒度的磨料。涂抹抛光剂的牛皮荡刀板是非常优质的抛光工具。

研磨工具有砂纸、油石、水石、金刚石研磨板和砂轮机，其中水石和金刚石研磨板又有多种类型。研磨工具表面必须平整。不同类型的研磨工具使用的磨料颗粒

分级体系不同，所以很难只通过目数比较它们所用磨料的颗粒度。

砂纸可以用于干磨，不过很多时候需要搭配润滑剂使用，以降低刀具温度，清除磨料颗粒表面的金属颗粒。

油石用油作为润滑剂，油通常是矿物油或植物油。水石用水作为润滑剂。金刚石用水或温和的肥皂液，比如洗洁精或玻璃清洁剂作为润滑剂。油石、水石和金刚石磨具正反两面的颗粒度可以相同，也可以不同。正反

两面颗粒度不同的研磨工具更加经济实用，但在使用过程中需要翻转。

砂轮需要用水冷却，刀具则要直接浸入水中冷却。电动研磨机会产生大量热量，如果不能及时、充分地冷却，可能会灼伤刃口。手摇曲柄砂轮机则不会出现这种情况。

因为水石质地较软，研磨时容易磨损，所以需要经常修平，一般是在使用之前，使用其他平整的磨料将水

使用钢化玻璃板作为支架，依次放上80目粗颗粒度砂纸、200目中颗粒度砂纸和400目细颗粒度砂纸。在砂纸背面粘贴自黏胶纸或喷涂胶黏剂，将砂纸固定在玻璃板上。最后，将3种目数不同的湿/干砂纸放在之前的砂纸上，湿/干砂纸的目数分别是600目、1000目和1500目。

从左至右依次是，粗中细3种颗粒度的人造印度油石、自制牛皮荡刀板和天然的半透明阿肯色石。这些工具放置在一个便携式研磨台上。

图中最左端是粗金刚石研磨板，用来修平水石；最右端是自制牛皮荡刀板；中间的4个从左至右依次是传统风格的220目、1000目和4000目预浸泡日式水石以及8000目的日式水石。8000目的水石使用前不需要浸泡。

图中从左至右依次是非常平整的金刚石研磨板，用于修平水石；粗磨用的粗金刚石研磨板；现代风格的1000目和10000目日式水石，不需要浸泡即可使用；牛皮荡刀板。

图中两侧的双面金刚石研磨板，能够提供220目粗颗粒度、325目中颗粒度、600目细颗粒度和1200目超细颗粒度的研磨表面。图片中间是牛皮荡刀板。

这个手摇曲柄砂轮配备的是用于粗磨的白色粗砂轮。

石表面修磨平整。金刚石研磨板平整度好，经常用来修平水石。

研磨方式

用磨石研磨刀具有几种方式（砂纸也一样）。手握刀具保持一定角度，然后按照某种方式在磨石表面滑动刀具。为了保持刀具的研磨角度始终一致，需要一些必要的练习。

凸斜面研磨法最为简单，就是沿磨石的长度方向前后来回滑动刀具。向前滑动工具时，随着刃口到达磨石末端，手会自然地下压，使研磨角度变小；而向后滑动工具时，工具会重新抬高，研磨角度也随之变大。通过工具高度和研磨角度的这种规律性变化，可以自然地形成所需的凸斜面。

其他研磨方式需要更多的控制力，才能在整个研磨过程中保持刀具处于特定的研磨角度。画8字的研磨方式最为复杂，需要大量的手腕和前臂运动。

尽量在磨石的整个表面分散研磨，防止局部过度磨蚀，形成凹陷。

图中是一块以水作为润滑剂的金刚石研磨板，可以沿其长度方向前后推拉刀具研磨，也可以通过画圆圈或画8字的方式研磨。

还可以横向于磨石的长度方向握持刀具，保持研磨角度，沿磨石的长度方向斜向推拉刀具研磨。

在磨石表面沿对角线方向来回推拉刀具进行研磨。

如图所示，夹具可以确保在研磨过程中，刀具的研磨角度保持不变。

毛刺与磨痕

无论采用哪种研磨方式，都必须确保刃口得到了切实的研磨。握紧工具，保持正确的倾斜角度，是确保刃口得到切实研磨的关键。这对双斜面和凸斜面的研磨来说都一样，如果研磨角度过小，实际研磨的位置就会靠近中间，而不是刃口。

刃口形成毛刺，说明刃口得到了充分的研磨。毛刺是位于刃口边缘的片状突出金属，薄而锋利，应尽量使毛刺的大小整齐一致。划痕是判断研磨效果的有效方法。逐级研磨，使用的磨料颗粒会越来越细，划痕也会随之越来越细小，从而消除之前较粗的磨料颗粒留下的划痕。

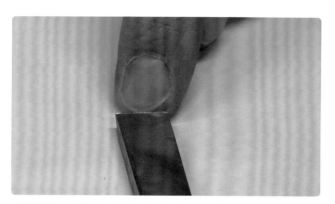

毛刺很容易前后弯曲。毛刺不需要很长，只要其大小看上去整齐一致，就可以更换更细的磨料。

由粗糙的金刚石研磨板产生的磨痕。

牛皮荡刀板

　　使用牛皮荡刀板完成最后的抛光，可以使刃口更加锋利持久。

　　制作牛皮荡刀板，先切割一块与磨石大小相当的胶合板，然后用接触型黏合剂将牛皮粘在胶合板上，最后用工具钢专用蜡在牛皮表面打蜡。这种蜡通常以绿色或黄色蜡棒的形式出售。还有一种金刚石研磨膏，可以直接涂抹在裸木表面制成荡刀板，无须使用皮革。

　　牛皮荡刀板抛光刀具刃口分两步：首先，交替刮磨刀刃两侧，使毛刺断裂并脱落；然后，利用荡刀板上的细小磨料抛光刃口斜面，同时消除毛刺断裂形成的锯齿状边缘。

　　有些人不喜欢牛皮荡刀板，因为在使用牛皮荡刀板时，如果压力太大，不仅皮革会产生凹陷，还可能把刃口磨圆。因此，在使用牛皮荡刀板荡刀时，力量应适中，以免皮革发生变形。

　　与其他研磨方式一样，萝卜青菜，各有所爱。有人对牛皮荡刀板爱不释手，有人却对它不屑一顾。

抛光是研磨的最后步骤。工具背面的末端部分也需要抛光，这样两个抛光面才能交汇形成锋利的刃口。

用胶合板制作的牛皮荡刀板与磨石的大小一致。黄色与绿色的抛光蜡适合抛光钢制工具。

配置研磨工具

　　任何研磨过程都需要配置不同颗粒度的磨料，从最简单的粗细双面油石，到包含 3 种颗粒度的印度油石，以及包含 4 种颗粒度的水石、包含 6 种颗粒度的砂纸。选择很多，你需要根据需要做决定。

　　简单高效的研磨工具配置是粗细的磨石或砂纸各一块，外加一块牛皮荡刀板。砂纸的花费不到 100 美元，油石和阿肯色石的花费在 150 美元左右，金刚石研磨板和水石的花费在 200 美元左右。水石需要配置专门的修平磨石，这会增加 50~200 美元的成本。

　　对初学者来说，砂纸是最经济的选择，但其缺点是消耗速度快，这样日积月累下来，实际的成本可能并不低。水石虽然也会消耗，但一块水石一般可以用几年。油石的使用寿命最长，一块油石甚至几十年都用不坏。

无论使用哪种研磨工具，研磨刀具所花费的时间都相差不大。如果研磨工具保养得好，任何一个颗粒度的研磨用时都可以控制在30~60秒。

还可以根据需要把不同研磨方法的要素搭配起来使用。对于任何给定的刀具，刃口斜面的角度和形状是不变的，而磨料种类和研磨方式则可以灵活掌握。也可以为不同的刀具选择不同的研磨方式，这有助于你了解各种工具的形状，无论是最为细窄的成形刨所用的刨刀，还是宽达2 in（50.8 mm）的宽凿。

研磨新工具

新买的工具，无论是全新的，还是从旧货市场买来的二手货，都要根据需要研磨后再使用。

开始时，用颗粒度最粗的磨石研磨，得到大致的刃口形状。开刃比日常维护更加费时费力；存在刃口损伤的工具必须磨掉缺口形成新的刃口，所以处理起来会更加费劲。

粗磨后，还要经过两三轮的正常研磨，才能得到符合要求的刃口。如果对刃口效果感到满意，就要重视日常维护保养，不要等到刃口严重钝化之后再研磨，这一点适用于凿子、手锯等所有切削工具。

刃口锋利程度评估

因为没有客观的定量标准可以评估刃口的锋利程度，所以很难量化判断研磨的效果。不过，通过主观感觉判断研磨效果的办法还是有一些的。

检查刃口的锋利程度要小心，以免受伤。一种常用的检验方法是，看刃口能否切断手臂上的汗毛。不过，这种方法的不确定因素太多，因此，更有效的方法是，通过刃口切割纸张的情况来判断其锋利程度。

用指甲检验刃口的锋利程度也很有效。刀具研磨后，将刃口垂直放在指甲表面，轻推刀具的背面（这样刃口会指向远离手指的方向），如果刀身大幅倾斜后才开始滑动，说明刃口足够锋利；如果刀身稍有倾斜便开始滑动，说明刃口较钝，需要继续研磨。

也可以非常小心地沿研磨后的刃口上下移动指甲。这样可以快速发现刃口上的任何瑕疵。这些瑕疵需要进一步的处理，否则会在木料表面留下难看的划痕。

还有一种更为合理的检验方法：用台钳把松木板夹紧，保持木板的端面朝上，用刃口切削端面，锋利的刃口会切削出平整光滑的表面；钝化的刃口会压碎和撕裂木纤维，切出粗糙不平的表面。因为松木木质软，所以适合做测试材料。

用锋利的工具沿长纹理切削，可以毫不费力地得到光滑平整的表面。使用锋利的工具大块切削木料简直是一种乐趣，也是练习使用凿子的好方法。

练习操作

任何方法都需要长期练习才能熟练掌握。可以买一些便宜的刨刀或凿子，花时间认真练习。

选择某种方法勤加练习，直到熟练掌握。如果将来你打算换一种方法，你会发现，之前的经验仍然对你有帮助。

如果某一天，你用回了之前的方法，你会更加得心应手，因为你的技艺已是今非昔比。

钝化的凿刃虽然也能凿切端面，但只能形成易碎的颗粒状木屑，留下粗糙不平的表面。

经过研磨的凿刃可以形成轻薄连贯的刨花，留下平整光洁的表面。如果木料表面出现划痕，表明刃口的毛边仍然需要修整。

研磨工具背面

研磨刀身背面非常重要，只有两个抛光的平面才能交汇形成锋利的刃口。整个刀身背面应尽可能地平整，且距离刃口至少半英寸的区域都要研磨得光亮如镜。

有些老工具的刀身存在轻微的弯曲或变形。如果这种变形很明显，已经无法保持整个刀身背面的平整，那就只能尽量整平靠近刃口的部分（范围越大越好）。对于刀身平直的刀具，保持其背面平整非常重要。

可以在磨石上直接研磨刀具背面，也可以在大理石或花岗岩瓷砖表面铺上砂纸进行研磨。后者可以有效地保护磨石，并保持磨石表面平整，从而更好地研磨刀刃。

准备常规砂纸及湿/干砂纸，将砂纸剪成或长或宽的条状，用喷胶固定在瓷砖表面。砂纸条的定向要保证能够横向与纵向交替研磨刀具，以产生清晰的交叉划痕，可通过查看磨痕确认上一轮的粗磨痕是否已被清除。

也可以把砂纸剪成大小一样的条状，沿瓷砖的一边依次粘贴常规砂纸，沿另一边依次粘贴湿/干砂纸。

起始研磨背面时，所用磨料的颗粒度需要根据刀具背面的状况确定。一般情况下，便宜刀具的背面有粗磨和机器加工的痕迹，所以开始研磨时需要选用较粗的砂纸；而优质刀具的背面更为平滑，通常只需使用较细的砂纸进行抛光处理。对于存在坑洼的老旧工具，需要根据具体情况确定研磨方案。有时，你可能需要忍受局部区域的凹陷，否则就要研磨掉大量金属，工作量会很大。

如果需要使用最粗糙的砂纸起始研磨，应确保刀具的整个背面都被研磨到，以保持背面整体平整，否则可能导致靠近刃口的部分磨损过多。使用最精细的砂纸抛光就不存在这样的问题了，因为抛光磨掉的金属很少。

最后的抛光只针对刃口附近的区域。整个过程只需几分钟，使用每种目数的砂纸研磨的时间为30~60秒。伴随刀具的使用和多次研磨，刀具背面也需要重新磨平。随着刀具逐渐变短，抛光区域也会随之上移。有的刀具在寿终正寝时，其抛光区域可以覆盖整个背面。

放在防滑垫上的抛光大理石地砖。用喷胶将砂纸固定在大理石表面。砂纸包括粗中细三种颗粒度（目数分别为80目、200目和400目）的普通砂纸和目数逐级递增（600目、1000目和1500目）的湿/干砂纸。

用相同的砂纸如图所示做另一种设置，则适合研磨长凿。无论哪种设置方式，每块砂纸都可以使用多次再更换。用刷子随时清除金属颗粒可以延长砂纸的使用寿命。

1

选择粗颗粒度的砂纸，侧向来回研磨刃口。

2

选择中等颗粒度的砂纸，沿砂纸的长度方向来回纵向研磨刃口。

3

查看磨痕，确认上一轮的粗磨痕是否已被消除。

4

待粗磨痕完全被更细的磨痕取代，换用细颗粒度的砂纸继续研磨。

5

用湿/干砂纸继续这样的研磨过程，并用目数最高的砂纸完成最后的处理。

6

把刃口附近的区域研磨得如同镜面一般光亮。更靠上的区域也需要研磨平整，但不需要像刃口附近那样光亮。

7

磨平更靠上的区域，使其与光亮区域交汇，然后重复上述步骤。

8

更换砂纸。可先用单刃剃须刀片刮下砂纸，再用溶剂清除残胶。

用油石研磨凸斜面

凸斜面研磨法是一种徒手研磨法，可以使用任何种类的磨石进行。通常用油石或印度石进行粗磨，用阿肯色石和牛皮荡刀板完成抛光。在每块磨石上的研磨时间为20~30秒。

握持刀具在磨石上前后来回研磨，以30°的倾斜角度开始研磨，注意前推时稍稍减小倾斜角度；后拉时，再将倾斜角度恢复到30°。如此循环。

后拉刀具时必须注意两个问题：第一，如果研磨角度没有达到30°，刃口就没有得到有效的研磨，你就是在做无用功；第二，如果研磨角度大于30°，刃口部分会有更多的金属被磨掉，刃口甚至会被磨圆。

如果刃口斜面需要大幅改变形状或者刃口破损严重，则需要深度研磨。这种情况下，可以先用超粗的金刚石研磨板粗磨，同时喷洒水或低浓度的肥皂液作为润滑剂，以节省油石。

便携式研磨台（用夹具固定在台面）包括油石、印度石（粗、中等、细3种颗粒度）、牛皮荡刀板、黄色抛光蜡和半透明的阿肯色石。还要分别准备一块带30°斜面和25°斜面的三角木块作为研磨定角夹具。我手中的是一块带30°斜面的研磨定角夹具。

超粗金刚石研磨板适合用来粗磨。把研磨板固定在辅助支架上，可以避免研磨过程中研磨板滑动。

粗磨刨刀

下面介绍刨刀的粗磨过程，具体步骤如下所示。粗

磨的目的是去除大量金属废料，使刨刀大致成形，为接下来的细磨做好准备。

1

将辅助支架放在研磨台上，将金刚石研磨板放在辅助支架上。放上三角木块和刨刀，保证刨刀与研磨板表面成30°角。

2

前推刨刀，使其向着研磨板的远端滑动。随着刨刀向前滑动，刨刀与研磨板表面的夹角会逐渐变小；后拉刨刀，回到起始位置，刨刀与研磨板表面的夹角恢复到30°。

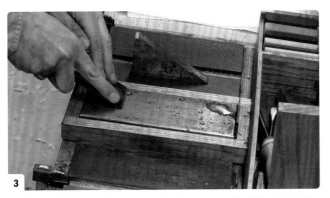

3

调整好研磨角度后，把三角木块暂时放在一边，根据需要反复研磨。整个操作需要 20~60 秒，严重损坏的刀刃则需要更长的时间。研磨过程中，可以随时用三角木块校正角度。

4

在刨刀背面向前滑动手指越过刃口，检查刃口毛刺。如果毛刺沿整个刀刃形成并分布，表明粗磨已经完成；如果毛刺没有完全形成或者尚不足以转入细磨，则需要继续研磨。

细磨刨刀

粗磨结束后，进入细磨操作。以油石作为磨料，具体操作如下。

1

在印度石表面喷涂一些油，然后小角度握持刨刀，用其末端，而不是刨刃，把油均匀涂开。

2

不要在阿肯色石表面喷油，因为阿肯色石非常光滑，如果在其表面喷油，研磨时刨刀只会在油上滑过，而不能真正接触磨料。残留在刨刀表面的油已经足够。

3

用三角木块确定研磨角度，由近及远开始研磨。

4

移开三角木块。前后来回研磨刨刀。前推刨刀时研磨角度会变小，将刨刀拉回到近端时，研磨角度会恢复到30°。

5

前后移动刨刀来回研磨，并从左向右依次更换磨石，沿每块磨石的整个表面均匀研磨。检查毛刺的形成情况，如果取得了满意的研磨效果，则换用更细的磨石继续研磨。

6

每次更换磨石，都要把刨刀拉回起始位置，并重新确认研磨角度。如有必要，可以用三角木块重新校准研磨角度。重复上述操作，用中等颗粒度的磨石、细颗粒度的磨石和阿肯色石依次研磨刨刀。

7

翻转刨刀，使其前端平贴磨石边缘，刀身与磨石的长边垂直。把阿肯色石放置在研磨台的最右侧就是为了方便后续的操作。

8

保持刨刀平贴磨石表面，横向移动刨刀来回研磨以修整毛刺。不需要去除毛刺，只需毛刺倒向同一个方向，同时抛光刨刀背面。

9

像用蜡笔涂鸦那样，用抛光蜡涂抹牛皮荡刀板。擦去刨刀表面的油，保持刃口斜面朝下，将刨刀的刃口端置于牛皮荡刀板的远端，角度设置为30°，可以使用三角木块设置角度。施加中等力度按住刨刀，保持角度不变，沿牛皮荡刀板向身体方向拉动刨刀。待刨刀刃口到达牛皮荡刀板的近端，提起刨刀，将其重新放回荡刀板的远端，开始下一次操作。如此重复，完成5~10次操作。注意，刨刀归位时，一定要提起刨刀，不能前推刨刀，否则刃口会切入牛皮中。

10

翻转刨刀，使其背面平贴牛皮荡刀板，刃口端置于近身的一端。用手按住刨刀，朝身体方向拉动刨刀并归位。如此操作5~10次。然后在荡刀板上交替抛光刃口斜面和刨刀背面，直到刃口毛刺完全脱落。在荡刀板上可以看到细丝状或颗粒状的毛刺碎屑。抛光后的刃口如剃刀般锋利。

11

如果需要把刃口两侧的直角倒圆角或削薄，可以从粗磨石开始，以压住一角，稍抬起另一角的方式准备研磨：倒圆角的话，需要以画小圆的方式研磨；削薄的话，需要前后来回滑动，研磨刃口直角所在的约 ½ in（12.7 mm）宽度的区域。

12

用力压住刃口左角，稍稍抬起刃口右角，反复研磨。重复前两个步骤，使用不同颗粒度的磨石研磨，用荡刀板清除毛刺。

13

用直角尺检查刃口边角的倒角或削薄效果。刃口应是中间平直，两侧略带弧度。

14

粗刨的刨刃呈弧形，弧形的半径约为 8 in（203.2 mm）。因为需要去除大量金属，所以应尽可能先用研磨机将刃口区域粗磨成形。

15

研磨弧形刃口时，可以把弧形看作一段段小线段的组合来回研磨，或者在前后研磨刃口的同时，将刃口向一侧晃动。保持压力偏向刨刃的一侧。

16

用力按压刨刃的一侧研磨。因为粗刨只用于粗加工，所以不需要刃口弧度非常完美。

17

18

研磨弧形刃口还有另一种方法。握持刨刀，使刨身垂直于磨石的长边，通过左右转动手腕研磨刃口。在向一个方向旋转时，向同侧的后缘施加压力。

向另一个方向旋转，同样对同侧的后缘施加压力。

研磨凿子

凿子和刨刀的研磨可以使用同一套油石，操作步骤也基本相同。研磨凿子的具体步骤，详见下面的内容。

1

把凿身平贴在三角木块的斜面上。

2

挪开三角木块。像研磨刨刀那样，前推凿子滑到磨石的远端，这个过程研磨角度会逐渐变小；然后将凿子拉回磨石近端，使研磨角度恢复到30°。在不同颗粒度的磨石上重复这样的操作。每块磨石的研磨时间为 20~30 秒。

3

用阿肯色石抛光凿子的刃口斜面后，翻转凿子，使其背面平贴磨石表面，沿磨石边缘来回横向研磨靠近刃口的部分。

4

使用牛皮荡刀板，像抛光刨刀那样抛光凿子。施加合适的压力，处理刃口斜面 5~10 次，处理凿子背面 5~10 次；然后交替处理刃口斜面和凿子背面，直到毛刺完全去除。

5

研磨时要避免凿子横向摆动，确保凿子的刃口垂直于磨石的长边。一般来说，凿子越宽，越容易做到这一点。

用砂纸研磨双斜面

分别将80目、120目和320目的自黏砂纸和600目、1000目和1500目的湿/干砂纸粘在玻璃板上。砂纸的目数不一定与上述数值完全相同。在每种目数的砂纸上研磨20~30秒。

保持刃口斜面的角度，来回横向移动研磨刃口。使用25°的三角木块设置主刃面的研磨角度，用30°的

1

用25°的三角木块设置主刃面的研磨角度。用粗砂纸研磨刨刃形成主刃面。

3

6

凿身越窄，凿子的研磨难度越大。因为窄凿的支撑面很小，很难在前后滑动凿子时保持刃口紧贴磨石。你必须全神贯注，确保凿子不会侧向摆动。

三角木块设置二级刃面的研磨角度。为了保持作用在工具上的压力均匀一致，可能需要你的上半身侧向来回摆动，同时注意不要倾斜刀具或改变研磨角度。

研磨主刃面时不需要一直研磨到刃口处并形成毛刺，在研磨二级刃面时研磨刃口并形成毛刺就可以了。

研磨刨刀

用砂纸为刨刀研磨双斜面的过程如下所示。

2

在砂纸上横向移动刨刀来回研磨。稍后检查主刃面是否已经足够接近刃口。如有必要，研磨过程中可以随时用三角木块校正角度。

把30°的三角木块放在粗砂纸表面，设置二级斜面的研磨角度。与研磨主刃面一样，横向移动刨刀研磨二级刃面。二级刃面的研磨去除的金属很少，因此研磨时间更短。

4

用手指触摸刨刀背面和刃口，查看毛刺。如果毛刺沿刃口分布均匀，就可以推进到下一步了。

5

把 30° 的三角木块放在中等颗粒度的砂纸表面，设置二级斜面的研磨角度。同样横向来回研磨刃面，研磨时间与在粗砂纸上相同。尽量分散在整张砂纸的表面研磨，不要集中在某个位置。

6

保持研磨角度不变，换到细砂纸上继续横向研磨。

7

将湿 / 干砂纸铺在自黏砂纸上，同样从最粗糙的砂纸起始研磨，研磨角度设置为 30°。

8

逐级增加湿 / 干砂纸的目数，保持研磨角度不变。分散在整张砂纸表面研磨，用每张砂纸研磨约 20 秒。

9

翻转刨刃，研磨其背面以去除毛刺。将靠近刃口的部分平贴在细砂纸的边缘横向研磨，再用湿 / 干砂纸逐级研磨。

刨刀背面抛光完成后，就得到了干净整齐、无毛刺的刃口，无须使用牛皮荡刀板继续抛光。

10

研磨凿子和鸟刨刨刀

上述介绍的用砂纸研磨刨刀的方法同样适合用来研磨凿子和鸟刨刨刀。不过，凿子的支撑面较窄，研磨时容易左右摆动，而鸟刨刨刀短小，很难握住。除了这些细节的差别，其他研磨过程完全一样。

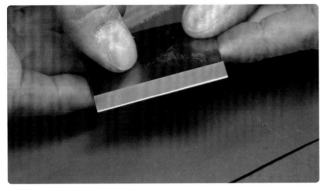

刚研磨好的鸟刨刨刀的主刃面和靠近刃口的细窄二级刃面。

用水石研磨双斜面

这里使用的是 220 目、1000 目、4000 目和 8000 目的日式水石以及牛皮荡刀板的组合。除了 8000 目的水石在使用时只须喷湿外，其他目数的水石使用前都要在水中浸泡 10~15 分钟。在每块水石上的研磨时间为 20~30 秒。

水石的颗粒结构比油石更为松散。水石在使用过程中容易形成泥浆，其表面容易变得凹凸不平。因此，水石在每次使用之前通常需要修平。水石套装中配有一块粗糙的金刚石研磨板，专门用来修平水石。修平的顺序需要注意，应先修平最精细的水石，然后逐级推进，最后修平最粗糙的水石。这样可以避免粗砂粒残留在细水石的表面，在研磨好的刃口上形成新的划痕。

不时地用水喷洒水石表面，保持水石表面有水积存。有人担心刀具接触过多水分会生锈，事实上，只要研磨后立即把刀具擦干净，它们是不会生锈的。

与使用砂纸研磨时一样，只需在研磨二级刃面时形成毛刺。

研磨刨刀

下面介绍用水石为刨刀研磨双斜面的过程。

1

用喷雾瓶喷湿 8000 目水石的表面。

2

保持 8000 目水石正面朝下倒扣在金刚石研磨板上，以画圆的方式转动水石进行修平。待水石修平后，两块磨石可能会粘在一起，可以侧向滑动水石使之分离。

3

重复上述操作，修平其他目数的水石，直到最为粗糙的 220 目水石。

4

从 220 目水石开始，用三角木块将主刃面的研磨角度设置为 25°。

5

保持肘部紧贴躯干，通过前后来回摆动躯干移动刨刀，同时保持研磨角度不变。尽可能地沿水石的整个表面研磨，避免水石局部磨损过多。

6

也可以采用另一种刨刀定向方式研磨。首先将研磨角度设置为 25°，然后水平旋转刨刀，使刃口与水石纵向成 45° 角，保持这样的角度前后来回研磨。无论采用哪种研磨方式，都要定期查看刃口斜面靠近刃口的情况。如有必要，可以随时用三角木块校正研磨角度。

7

用三角木块把研磨角度设置为 30°，首先用 220 目的水石研磨。

8

用手指从刨刀背面触摸刃口，查看毛刺的形成情况。如果毛刺沿刃口均匀分布，即可进入下一步操作。

根据目数逐级研磨。每次更换水石，记得先擦掉刨刃上的砂粒，再用三角木块重设研磨角度。

9

10

在 8000 目水石上研磨刃口斜面后，翻转刨刀，继续研磨刨刀的背面，以去除毛刺。横向于水石的长度方向握持刨刀，使刨刀末端平贴在 8000 目水石的边缘，沿边缘来回移动研磨。刨刀背面和磨石表面都很平整，产生的吸力可能会使刨刀滑动困难，必须小心操作。完成研磨后擦干刨刀。

11

为牛皮荡刀板刷涂抛光蜡，可根据需要用三角木块校准研磨角度，保持 30°。从远端起始，将刨刀拉向身体方向，到达近端后，提起刨刀返回起始位置。如此重复 5~10 次。

12

翻转刨刀并横向于荡刀板握持，使刨刀背面平贴荡刀板边缘，从远端起始，朝身体方向拉动刨刀。如此重复 5~10 次。然后交替研磨刃口斜面和刨刀背面，直到去除全部毛刺。

研磨凿子

为凿子研磨双斜面的方法与前面相同。

1

用三角木块将研磨角度设置为 25°。用 220 目的水石研磨主刃面。

2

用三角木块将研磨角度设置为 30°。继续用 220 目水石研磨二级刃面。稍后检查刃口毛刺的形成情况。重复步骤 1 和 2，使用其他水石逐级研磨。

3

用 8000 目水石研磨时，仍是先研磨刃口斜面，再翻转凿子，研磨其背面。

4

最后，把凿子擦拭干净，用牛皮荡刀板把刃口斜面和凿子背面抛光。

用定角夹具和水石研磨双斜面

这种方法使用的工具包括定角夹具和非浸泡式日本陶瓷水石，其目数分别是 1000 目和 10000 目。定角夹具可用于任何研磨工具，其限制在于，只能以前后运动的方式支持研磨。在更换磨石时保持研磨角度不变是操作重点。

与浸泡式水石一样，日本陶瓷水石也需要在使用前先修平。这里使用的是超平研磨板，其价格比普通的金刚石研磨板更为昂贵。这套研磨工具中还配有一块粗糙的金刚石研磨板，用于水石的粗修，以免 1000 目的水石局部过度磨损。每种水石的修平需要 20~30 秒。

这款定角夹具具有两个卡位：外侧的宽卡位用于固定刨刀，内侧的窄卡位用于固定凿子。不同类型的定角夹具固定工具的机制和构造也不同。

研磨刨刀

下面介绍借助定角夹具为刨刀研磨双斜面的过程。具体步骤如下。

1

将刨刀固定在定角夹具上，用 25° 的三角木块设置研磨角度。

2

喷湿水石表面。研磨过程中同样需要经常喷水，以保持水石湿润。

3

首先修平 10000 目的水石。将水石正面倒扣在金刚石研磨板上，以画圆的方式研磨。

4

然后修平 1000 目的水石。最好准备一个桶，以便冲洗水石和金刚石研磨板。当然，水石表面的泥浆也可以暂时保留。

5

将刨刀和定角夹具组件放在粗糙的金刚石研磨板上，双手大拇指托住刨刀上部的背面。用水喷湿金刚石研磨板。

6

用双手的食指和中指压住刃口的两角，力度中等。前后来回滑动定角夹具和刨刀组件，研磨主刃面。滑动组件时，注意不要让定角夹具滑出水石近端。

7

用 30° 的三角木块重新设置研磨角度，并把刨刀固定在定角夹具上。

8

用螺丝刀拧紧定角夹具。

与主刃面的研磨方法相同，研磨二级刃面。

9

10

用手指从刨刀背面触摸刃口，查看毛刺的形成情况。如果毛刺沿刃口均匀分布，换用 1000 目的水石继续研磨。

11

前后来回滑动定角夹具和刨刀组件。

12

将刨刀擦拭干净，换用 10000 目的水石继续研磨。

13

翻转组件，研磨刨刀背面以去除毛刺。横向于水石长边握持组件，沿水石边缘来回研磨。稍后将刨刀擦拭干净。

14

将组件放在牛皮荡刀板上，抛光刃口斜面 5~10 次。前推刨刀时稍抬起定角夹具的滚轮，以免刨刃割伤皮革。

15

从定角夹具上取下刨刀，抛光刨刀背面 5~10 次。如果仍有毛刺残留，交替抛光刨刀背面和刃口斜面。

图中这款单滚轮定角夹具只有一个支点，方便把刃口两端的直角区域削薄。

16

17
用手指按住刃口一角，在1000目的水石上来回滑动组件研磨。此时定角夹具的滑轮会向一侧倾斜。

18
用手指按压刃口的另一角，在1000目的水石上来回滑动组件研磨。在10000目的水石和荡刀板上重复上述步骤。

19
横向于荡刀板的长边握持组件，抛光刃口背面以去除毛刺。

20
交替抛光刨刃两端。最后，从定角夹具上取下刨刀，在牛皮荡刀板上抛光刨刀背面。

研磨凿子

下面介绍借助定角夹具为凿子研磨双斜面的步骤。

1
将凿子固定在定角夹具上，用25°的三角木块设置研磨角度。

2
在金刚石研磨板上来回研磨主刃面。毛刺形成后，用30°的三角木块重新设置研磨角度。

3

依次用 1000 目和 10000 目的水石研磨凿子的二级刃面。

4

翻转凿子，用牛皮荡刀板抛光其背面。

5

用牛皮荡刀板抛光刃口斜面。

6

从定角夹具上取下凿子，用牛皮荡刀板抛光凿子背面。

角度设置工具

可以自制简单的角度设置工具，用来设置刨刀和凿子的研磨角度。角度设置工具通过待研磨工具在 25°和 30°的研磨角度下对应的侧面投影距离来设置研磨角度。可以把角度设置工具看作特殊形式的木工桌挡头木，上述距离通过特定的限位块来设置。这种角度设置工具能够与各种定角夹具搭配使用，不同之处在于设置的距离。

1

刀具前端伸出定角夹具的长度与其研磨角度是对应的。

2

在角度设置工具的合适位置上固定限位块，分别对应刨刀和凿子 25°和 30°的研磨角度。

3

将刨刀放在对应的位置，其前端顶住远端的限位块。滑动定角夹具顶住角度设置工具的近端，然后用螺丝刀拧紧固定螺丝夹紧刨刀。

4

将凿子放在对应的位置，其前端顶住远端的限位块。滑动定角夹具顶住角度设置工具，然后用螺丝刀拧紧固定螺丝夹紧凿子。

用金刚石研磨板研磨凹斜面

研磨凹斜面需要通过粗磨去除很多金属，然后通过细磨和抛光进一步去除少量金属。

砂轮机需要配备合适的支架，大多数自带的支架质量很差。支架种类繁多，可以购买成品，也可以自制。

使用砂轮机最常见的问题是过热造成烧刃，导致刃

面回火。回火的钢材会变蓝或变黑，材质会变脆，需要将其磨掉，露出新钢材重新研磨。

为了避免刀具过热，需要定期将刀具浸入水中或喷淋冷却。手摇曲柄研磨机则没有这样的问题，因为其砂轮转速比电动研磨机慢得多。

根据形成凹面需要去除的金属的量，可能需要研磨数次。

图中的手摇曲柄砂轮机用于粗磨，两块双面金刚石研磨板用于细磨，研磨板之间的牛皮荡刀板用于抛光，喷雾瓶用于磨具的淋水冷却。

克列诺夫（Krenov）风格的自制支架，使用木工夹将支架固定在胶合板底座上。

可以在支架下方垫入扑克牌微调角度。

设置研磨角度，使刀具沿支架滑动时，刃口与研磨表面始终保持30°角。

研磨凿子

下面介绍为凿子研磨凹斜面的步骤。先用手摇曲柄研磨机粗磨，再用金刚石研磨板细磨。

1 将凿子放在支架上，使其前端刚好与砂轮接触。一只手摇动曲柄转动砂轮，另一只手侧向滑动凿子。粗磨过程需要仔细控制。注意经常向凿子末端喷水使之冷却。

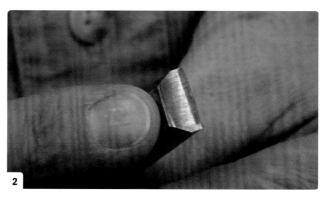

2 完成刃面中部的凹磨后，其两端的平面区域可以用黑色记号笔标记出来。这两个平面区域可以为稳定凿子提供支撑。

3 用水喷洒超细金刚石研磨板。因为需要去除的金属很少，所以这个颗粒度的研磨板只用于研磨平面区域，以免凹面被磨掉。同时，研磨平面区域只需这一块研磨板。

4 在金刚石研磨板上前后滑动刃面研磨，直到你感觉两个平面区域对齐，可以共同支撑凿子。保持角度不变，继续前后推拉凿子研磨刃口。注意定期查看刃口毛刺的形成情况。整个过程只需 20~30 秒。

5 翻转工具，横向于研磨板的长边握持凿子，准备研磨凿子背面。保持凿子末端部分平贴研磨板边缘，来回研磨，除去毛刺。

6 将凿子重新放回研磨平面区域的位置，然后将其平移到牛皮荡刀板上。用荡刀板抛光刃口斜面 5~10 次。

翻转凿子，使凿子背面平贴牛皮荡刀板表面，抛光 5~10 次。如果仍有毛刺残留，继续交替抛光刃口斜面和凿子背面。

研磨刨刀

下面介绍为刨刀研磨凹斜面的步骤。

1

用同样的方法研磨刨刀。刨刀刀身很宽，研磨时更容易支撑。

2

先在金刚石研磨板上前后滑动刨刀找到两个平面区域合适的支撑位置，再前后来回研磨刃面，在刃口形成毛刺。

3

研磨刨刀背面。

4

在金刚石研磨板上找到两个平面区域合适的支撑位置，然后将刨刀平移到牛皮荡刀板上抛光刃面。

5
抛光刨刀背面。

研磨锯片

锯片通常具有一百多个锯齿，研磨起来颇为乏味。不过研磨过程倒是不难，属于重复性操作。

研磨锯片用到的主要工具是三角锉、粗扁锉和锯齿修整器。研磨锯齿，可以目测各个锯齿角度，也可以借助夹具提供引导。可以用量角器自制简单的引导夹具，也可以购买成品夹具。

研磨锯齿的专用工具还包括夹钳，其作用是将锯片固定到位，并减少振动。振动会降低研磨效率，并产生刺耳的噪声。

用夹钳固定锯片，保持锯齿朝上且刚刚越过夹钳的顶部边缘。如果锯片比台钳长，可以分段固定锯片，分别研磨各段的锯齿。也可以为夹钳制作夹条，起到延长夹钳的作用。

用三角锉研磨锯齿，有两个角度很关键：锯齿前角和弗莱姆角。

锯齿前角是指锯齿前缘向后倾斜的角度。纵切锯的锯齿前角接近 0°，横切锯的锯齿前角可达 60°。

弗莱姆角是指锯齿的前后缘相对于锯齿基线的垂直面向水平方向倾斜的角度。纵切锯锯齿的弗莱姆角为 0°，垂直于锯片侧面锉削即可，操作最简单。横切锯锯齿的弗莱姆角最大可达 25°，每个锯齿需要偏向一侧锉削，相邻锯齿交替排列。

有人会根据木材的种类和含水量选用具有特定前角和弗莱姆角的锯片。当然，也有兼具纵切锯齿和横切锯齿的锯片。我的标准很简单，所有纵切锯具有相同的前角和弗莱姆角，所有横切锯具有另一组相同的前角和弗莱姆角。

除了上述锉削相关的角度，锯齿还需要交替向两侧弯曲，即偏置。偏置的作用是增加锯缝宽度，避免卡锯，同时方便清除木屑。卡锯往往是由于锯齿偏置量不足；切口粗糙或锯片推拉困难，往往是由于锯齿偏置量过大；如果锯片总是向一侧倾斜，往往是由于锯齿向这一侧的偏置量相比另一侧更大。

前角：锯齿前缘向后倾斜的角度。
弗莱姆角：锯齿的前后缘相对于锯齿基线的垂直面向水平方向倾斜的角度。
偏置：使锯齿交替向两侧弯曲的设计或操作。

有些人喜欢单次用力锉削锯齿。我喜欢分 4 次轻轻锉削锯齿，这样即使某一次出现了偏差，也有机会后续修正。

锯齿不一致，锉削不均匀，甚至漏掉了某个锯齿没有锉削或者某个锯齿锉削了两次，这些情况都不必担心。一块锯片通常具有 100~150 个锯齿，它们作为一个整体发挥作用，一两个锯齿有问题不会影响整体效果，因此锯片的研磨相比其他刀具更为宽容。

一块锯片每次锉削锯齿需要约 10 分钟，每次偏置锯齿需要约 10 分钟，不过后者不需要在每次研磨锯片时都做，每 5~6 次研磨安排一次偏置即可。

待研磨的手锯：大型的纵切锯和横切锯，用于横切框架部件和纵切榫头的夹背锯。

研磨工具：铅笔、弗莱姆角定角木块、记号笔（用来标记锯齿）、量角器、锯齿偏置器和三角锉。

夹钳：左侧，两款带支架的老式铸铁夹钳；右侧，带有皮革铰链的定制木制夹钳。

夹条：只需切割两根木条，并沿长度方向在木条中间开槽，即可制成简易夹条。夹条可以延长夹钳的夹持范围，使其快速把锯片夹牢。

用台钳固定上图第一款夹钳的支架。将锯片放置到位，用锁定杆拧紧夹钳。

用台钳固定上图第二款夹钳的支架。将锯片放置到位，拧紧蝶形螺丝固定夹钳。

如果使用木制夹钳，需要用台钳顶靠夹钳侧面的木条，然后把锯片放置到位，拧紧台钳。

把锯片的一端滑入夹条的中间凹槽，然后拧紧台钳固定锯片。如果需要研磨锯片的另一端，将该端滑入夹条凹槽即可。

纵切锯和横切锯的锉削方法

尽管纵切锯和横切锯的结构存在差异，但基本的锉削操作却大同小异。我们先学习这些基本操作，再探讨不同之处。

1 用记号笔在锯齿边缘涂色，这样锯齿是否经过了锉削一目了然。机械师用于金属铸件的涂色料很适合在这里使用。

2 如果锯齿高低不平，可以用粗扁锉来回锉削锯齿几次，获得平齐的锯齿。这种操作偶尔做一下就可以了。当然，研磨老锯片的时候经常需要锉平锯齿。

3 锉平锯齿后，原来较高的锯齿的尖端会被锉平并发亮，原来较低的锯齿则不受影响。可以一次性把所有锯齿锉平，也可以每次锉削部分锯齿，经过几次研磨后获得平齐的锯齿。研磨锯片的过程会消除锯齿尖端的平面，使刃口恢复锋利和连贯。

4 把三角锉放入齿槽中，横向于锯片锉削锯齿，可以同时锉削到后面锯齿的前缘、前面锯齿的后缘和齿槽等三个面。

5

选择大小合适的锉刀。锉刀放在齿槽内，锯齿高度达到锉刀宽度的1/3到1/2比较合适。这一点对细木工锯来说尤其重要，因为锉刀过大很容易使齿槽变深。

6

像交叉的手指一样，对于偏置的锯齿，其相邻锯齿的弯曲方向是相反的。一般每研磨5~6次做一次偏置处理，也就是经过锉削的锯齿越过锯齿原来的弯曲界限的时间点。

7

用锯齿修整器偏置锯齿。锯齿修整器有多种设计，大多数的外形像钳子或打孔器，可以根据设定量偏置锯齿。

8

锯齿修整器的压头处装有一个金属销，压紧手柄，金属销和砧座会夹住锯齿使其弯曲。旋转旋钮可以改变砧座的位置，以调整锯齿的弯曲量。锯齿修整器上没有数字或刻度，不能根据锯齿的大小偏置，因此不属于精密工具。

9

从远端选择第一个锯齿起始操作。把锯齿修整器套在锯齿上，按压手柄，观察锯齿的弯曲程度。锯齿向侧面的弯曲量以达到锯片厚度的1/3左右为宜。每间隔一个锯齿偏置一个锯齿，如此重复，直至锯片近端，然后调转锯片头尾，偏置另一半锯齿，将它们弯曲到另一侧。偏置锯齿时，自始至终都要用台钳把锯片夹紧。

10

经过锉削的锯齿，其刃口会有细小的毛刺，但是在使用时毛刺会被快速磨掉。当然，也可以用磨石把毛刺磨掉，以获得更为平滑的切口。用粗磨石在每个锯齿的两侧来回研磨两三次即可。

纵切锯与横切锯的比较

下面比较纵切锯与横切锯的差别。

纵切锯弗莱姆角：可以用锉刀垂直锯片侧面直接锉削锯齿，且每个锯齿的锉削方式都相同。

横切锯弗莱姆角：锉刀相对于锯片的锯齿基线垂直面最大可水平倾斜25°。每个锯齿的前缘和后缘需要以相反的角度（左右）锉削。

纵切锯前角：锯齿前缘几乎与锯片基线垂直，所以锉刀顶面以一定角度向下倾斜，其背面几乎垂直于水平面。

横切锯前角：锯齿前角为30°，因此需要锉刀的一面保持水平，锉刀倾斜一定角度研磨锯齿。

纵切锯的偏置：锯齿齿尖交替向左右倾斜排列。

横切锯的偏置：由于弗莱姆角的存在，锯齿交替向外侧弯曲的幅度会比纵切锯锯齿大一些，沿锯齿中间会形成一个凹槽，其宽度可以放下一根针或小铁钉。

锉削纵切锯锯齿

接下来，我们学习纵切锯锯齿的锉削方法。

1 用台钳夹紧锯片，将锉刀放在第一个齿槽内，调整锉刀角度，使锉刀几乎垂直于锯片侧面，与锯齿的弗莱姆角匹配。来回锉削 4 次。然后抬起锉刀，将其放入下一个齿槽中，重复上述操作，直至被夹紧的这段锯片完成锉削。

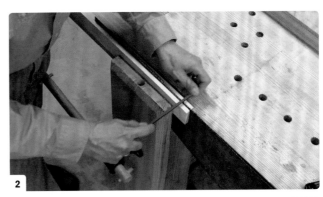

2 重新固定锯片，继续锉削另一段锯片的锯齿，直至完成全部锯齿的锉削。检查涂抹在锯齿上的记号，看是否有锯齿被遗漏。锉削时注意保持锉刀的角度一致。如果锯齿不需要偏置，锉削完成后，用磨石研磨刃口即可。

如果锯齿需要偏置，用锯齿修整器从第一个锯齿开始进行偏置处理。偏置时，用锯齿修整器夹住锯齿，然后按压手柄，每间隔一个锯齿偏置一次。如此处理下去，直到锯片的另一端，然后把锯片前后对调，从另一端开始偏置剩余的锯齿。最后用磨石研磨锯齿刃口。

锉削横切锯锯齿

由于横切锯锯齿的弗莱姆角不为 0°，所以其锉削过程更为复杂。

1 首先锉削向一侧倾斜的齿槽，也就是每间隔一个齿槽锉削一次。

2 继续锉削锯片上向另一侧倾斜的齿槽，也就是上一步中没有锉削的齿槽。锉削之后，锯齿上会形成交替出现的刃面。

3 用边角料制作简单的弗莱姆角引导夹具。用量角器在边角料上根据弗莱姆角画出引导线。图中的弗莱姆角为 15°。

4 将引导线与锯片对齐。前后移动木块完成锯切，在木块底面锯切出一道深约 ¼ in（6.4 mm）的凹槽。

5 翻转木块，将锯片对齐已经开出的凹槽。前后移动木块，在木块的另一面锯切出对应的凹槽。

6 将弗莱姆角引导夹具放在锯片的起始端。观察锯齿的前后缘，找到与引导夹具角度一致的第一个待加工锯齿。将锉刀放在相应的齿槽中，调整锉刀至对应的前角位置，这时候锉刀的顶面应该是水平的。按照弗莱姆角倾斜锉刀，使锉刀与弗莱姆角引导夹具的边缘平行，你应该可以感觉到锉刀稍微下降，这说明锉刀已经处于齿槽的合适位置了。

7 轻轻推拉锉刀，来回 4 次，之后抬起锉刀，将其放入下一个齿槽中继续锉削。注意，每间隔一个锯齿锉削一次，直至完成整段夹紧锯片的锉削。然后移动弗莱姆角引导夹具继续锉削，注意始终保持锉刀与夹具边缘平行，以保持弗莱姆角一致。

8 水平移动弗莱姆角引导夹具，设置偏向另一侧的弗莱姆角角度，继续锉削剩余的齿槽。跟步骤 7 中一样，用台钳夹紧锯片，分段逐步锉削，直至完成。如果锯齿不需要偏置，锉削完成后直接用磨石研磨锯齿刃口即可。

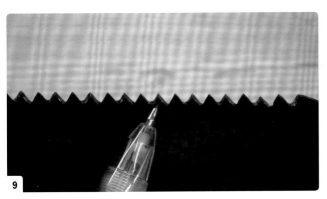

9

10

如果锯齿需要偏置，注意定向问题，把锯齿刃面朝向身体一侧的锯齿反向弯曲，如图所示。

选择起始锯齿，把锯齿修整器套在锯齿上，按压手柄弯曲锯齿。以间隔的方式偏置锯齿，先偏置向一侧弯曲的所有锯齿，然后将锯片首尾对调，用同样的方式继续偏置另一半锯齿。最后用磨石研磨锯齿刃口。

锉削细木工锯

锉削细木工锯的操作与其他锯片相同，但是因为细木工锯的锯齿很小，所以锉削起来更费眼力。

燕尾榫锯锯片的锯齿很小，ppi 达到 15 以上，因此需要使用较小的锉刀锉削。对于细木工纵切锯，保持锉刀与锯片侧面近乎垂直，将锉刀放在齿槽中，以 0° 弗莱姆角进行锉削。如果锯齿不需要偏置，稍后用磨石研磨锯齿刃口即可。

如果需要偏置锯齿，偏置的方式与之前相同，只是锯齿的弯曲幅度很小。偏置完成后，用磨石研磨锯齿刃口即可。

对于细木工横切锯，保持锉刀顶面处于水平状态，根据弗莱姆角水平倾斜锉刀进行锉削。锉削过程与普通横切锯的锉削过程相同。根据需要偏置并研磨锯齿。

研磨卡片刮刀

刮刀是一种神奇的手工工具，几乎没有什么设计，只是一块扁平、纤薄、有弹性的金属片，却可以完成一大堆砂纸才能完成的操作。刮刀非常适合用来消除机器加工的痕迹，以及将木料表面处理到非常精细的程度。

刮刀既可以顺纹理操作，又可以逆纹理操作，这种神奇的特性使它非常适合处理纹理复杂的区域，精细处理局部表面。

刮刀的研磨方法很多，但基本步骤大同小异，包括研磨掉旧毛刺，再经过整平、细磨和抛光形成新的毛刺。

第一步的研磨步骤可以展开刃口卷曲的毛刺，使刮刀不会在使用时出现卡顿。有人会直接跳过这个步骤。

第二步是整平刃口，需要用锉刀将展开的刃口毛刺锉削掉，这个过程与刨削木板边缘的操作很相似。

第三步的细磨用来消除整平时的锉削痕迹，并将刮刀长边的转角研磨锋利。

第四步进行抛光，在刮刀刃口形成钩状边缘和新的毛刺。

很多人会在形成新毛刺这一步出问题，因为研磨的力度、角度以及次数等方面很难把握。这也是初学者感到沮丧的原因，因为不管之前的研磨效果有多好，这一步的任何失误都会导致功亏一篑。其中最常见的问题是过度抛光，造成刃口毛刺过长，刃口强度大大降低，切割效率下降。

每个刮刀有两条长边，每条边对应的两个面都有毛刺，因此总共有 4 个刃口可用。刃口的毛刺很脆弱，容易磨损，一旦某个刃口变钝，刮削效率下降，可以翻转刮刀使用另一个刃口。

接下来，我会介绍两种研磨方法，即传统研磨法和简化研磨法。简化研磨法是对传统研磨法的精炼。多年来，我使用过多种研磨刮刀的方法，但是简化研磨法，快速、简单、高效，一直是我的首选方法。

刮刀高效的秘诀就在于刃口边缘形成的毛刺。毛刺非常锋利，手指顺着刃口滑动，毛刺很容易切入指甲中，所以手指不能沿着刃口滑动。

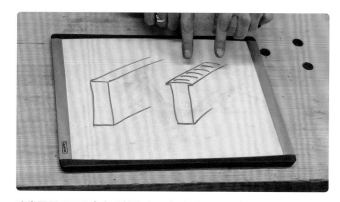

这张图展示了研磨出毛刺前后，刮刀长边刃口的情形。左边的图，经过整平和细磨后，刮刀长边形成了锋利的转角和平整的刃口。右边的图，经过抛光处理后，刃口的金属向外展开，在其两侧形成了锋利的毛刺。刃口不能过度抛光，否则形成的毛刺过长，强度就会降低，无法切入木料中。

刮刀的使用方法

在介绍刮刀的研磨方法之前，先来简单了解一下刮刀的使用方法。

1

首先弯曲刮刀，形成弧形的刃口。刮刀是用柔性的弹簧钢制成的，材质与锯片类似，因此可以用废旧锯片自制刮刀。

2

自上而下倾斜弯曲的刮刀，直到你感觉到刃口毛刺切入木料中。

3

保持倾斜角度前推刮刀，躯干随手臂的前伸而前倾，以全身用力的方式刮削。

4

刮刀刮削不同木材的效果不尽相同。锋利的刮刀可以刮削得到轻薄卷曲的刨花，如果得到的是粉末状的木屑，说明刮刀需要研磨，或者之前研磨得不够锋利。

刮刀的传统研磨法

我们接下来介绍几种研磨刮刀的方法。首先介绍传统研磨法，随后再介绍简化研磨法。你可以自行选择适合你的方法。

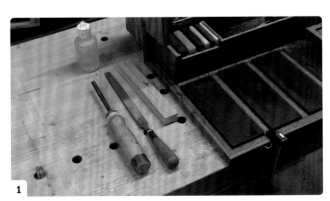

1

研磨刮刀的工具包括研磨棒、粗齿锉、用作夹持辅助工具的带槽木支架，以及磨石。图中的磨石是油石，当然，其他类型的磨石也没问题。

2

图中的研磨棒是一根装有手柄的硬化钢钢棒。

3

可以利用刮刀上的 logo 来识别其正面和背面、顶部和底部，避免因为刮刀的翻转造成混淆。刮刀 4 条带毛刺的刃口分别位于正面顶部、背面顶部、正面底部和背面底部。

4

如果刮刀的 logo 不清晰，或者没有 logo，可以用锋利的工具在刮刀正面划刻一个三角形标记。这是木工的常用方法——三角形标记的面代表正面，三角形的顶角代表顶部。

5

先将刮刀平放在工作桌边缘，准备整平旧毛刺。保持研磨棒与刮刀的长边垂直，来回研磨刃口。因为研磨时发出的咔哒咔哒声很像老式售票机发出的声音，所以有人把这个过程戏称为"点票"。用相同的方式整平刮刀的 4 条刃口。

6

接下来首先把刮刀安装在带槽木支架中，并用台钳夹紧木支架。保持锉刀与刮刀正面垂直，贴靠刮刀边缘。调整锉刀，使其正面的一排齿与刮刀刃口对齐，这样锉刀刀身及其底面成排的齿会与刃口成一定角度。适度按压锉刀，沿刮刀边缘磨削刃口。这就是所谓的磨锉法，锉刀齿咬入刮刀的感觉清晰可辨。来回磨削几次，直到刮刀边缘平整光滑。如果刃口非常不均匀，可以将锉刀沿刮刀长度方向放置，像手工刨刨削木板边缘那样运动。这样就可以把凸出的高点磨平，获得平整的边缘。翻转刮刀并重新固定，整平另一条边缘。

7

将刮刀从支架上取下，刀身立起，边缘贴靠在粗磨石表面研磨。可以适当加一些润滑剂。前后推动刮刀来回研磨。注意保持刀身严格垂直于研磨表面，同时小心操作，避免刮刀的尖角划伤手指。重复上述操作，完成其他边缘的研磨。

8

将刮刀放平，沿磨石边缘来回滑动刮刀，研磨与刮刀边缘相交的正面部分。翻转刮刀，用同样的方式研磨其背面部分。重复以上步骤，研磨刮刀另一条边缘的相应区域。研磨时很容易混淆不同的边缘，因此按照一定的顺序研磨很有必要，比如正面顶部、背面顶部、正面底部和背面底部的顺序。

9

在其他磨石上依次重复上述操作。我制作了一个辅助支架用来垫高磨石，以免因为空间阻碍妨碍研磨。

10

把刮刀重新固定在带槽木支架中，并用台钳夹紧木支架。特别注意，刃口弯曲的方向应与木支架上的 T 字标记方向一致，以免同一条边缘研磨两次。将研磨棒横持平放在刮刀边缘，以适当的力度推拉研磨棒沿刮刀边缘来回研磨几次，初步形成钩状的边缘。用力的大小决定来回研磨的次数，这也是研磨过程中容易出现变数的地方。用力下压固然可以节省时间，但完全没有必要，因为这一步所需的时间本来也不多。

11

将研磨棒向刮刀正面倾斜 10°，保持这个角度来回研磨几次。这样钩状的边缘就完全形成了，它很锋利，可以切入指甲中。水平转动刮刀和木支架组件，再次用台钳夹紧，以同样的方式处理背面的边缘。之后翻转刮刀，以相同的方式处理刮刀正面底部和背面底部的边缘。

12

钩状边缘的形成存在很多不可控因素，可以做一些改进。首先，把刮刀平放在木工桌上，然后用研磨棒的尖端沿钩状边缘的底部移动进行研磨，将钩状边缘稍微展开。注意保持相同的角度研磨，这样才能得到均匀连贯的钩状边缘。有一种特殊的研磨棒，它的尖端经过研磨处理，专门用于上述操作。即便是这种带有弧度的尖端，也要保持好研磨角度，效果才会好。现在刮刀的研磨已经完成，可以使用了。

13

还有一种有效的研磨方法可以试试。首先把刮刀平放在木工桌靠近边缘的位置，然后用研磨棒轻轻刮削刮刀边缘以稍稍展开钩状边缘。用这种方法微调边缘刃口后，该边缘甚至可以继续使用一两次。最终，边缘刃口会磨损或变钝，需要重新研磨。

刮刀的简化研磨法

下面介绍刮刀的简化研磨法，这种方法省去了整平的过程，同时简化了使用磨石的步骤。将刮刀固定在台钳上可以提高效率。

简化研磨法完成4条边缘的研磨用时不超过2分钟。而传统研磨法则需要约5分钟。

1 所用工具与传统研磨法类似，包括细印度石和研磨棒。研磨棒不带手柄，可以避免研磨者过度利用手柄的杠杆作用造成过度研磨。图中的磨石，一面粗糙，一面较细。研磨刮刀只需使用磨石较细的一面。

2 把刮刀安装在木支架的凹槽中，并用台钳把木支架夹紧。横向握持锉刀，保持刀身水平研磨刮刀边缘。

3 如果刮刀的边缘不够均匀，可以纵向握持锉刀贴放在刮刀边缘，整平刮刀边缘。

4 在细印度石的表面滴一滴油。将磨石表面水平压在刮刀边缘，来回研磨 5~10 次，清除锉削的痕迹。

5 重复上述步骤，研磨刮刀正面。

6 重复上述步骤，研磨刮刀背面。

7

握持研磨棒的方式很重要。为了更好地控制力度，可以用手握住棒身，只露出 1 in（25.4 mm）左右。

8

将研磨棒平放在刮刀边缘，轻轻刮削两次，一次向前，一次向后，使刃口的金属稍稍向外展开。研磨时两手协调操作，避免用力过大。也可以单手操作。

9

将研磨棒向下倾斜 5°～10°，前后轻轻磨削两次，使刃口卷曲。不要用力太猛，只需来回快速磨削两下。有人说，磨削的力度与用锋利的刀切牛排时的力度相当。将研磨棒水平转动 180°，向另一侧倾斜 5°～10°，重复上述操作。之后，翻转刮刀和木支架组件，用台钳重新固定，研磨刮刀的正面底部边缘和背面底部边缘。

第3章

备料

划线规、直角尺和划线刀

　　画线工具对细木工来说是必不可少的。部件可能因为不准确的画线而无法使用。主要的画线工具有划线规、直角尺和划线刀。虽然这些工具用起来都很简单，但还是需要勤加练习。画线是基础技能，边做边培养是不行的。

划线规

　　划线规虽然类型繁多，大多结构不同，但功能相同。简单地说，划线规就是一种带有钢针或刀片的可调节画线工具，可以沿部件边缘刻划与其平行的线。接下来，我们会参照照片，介绍几种划线规及其使用方法。

图中展示了3种划线规，初学者刚开始使用时可能会很不习惯。通过调节可滑动靠山，调节钢针或划线刀的位置来设置划线距离。调节方式有两种。第一种，用尺子的一端抵靠钢针或刀片，调节靠山至所需距离处。第二种，把划线规的靠山贴靠在部件边缘或部件的标记处，然后将钢针或刀片调至所需位置。

这是一款商用的划线规，水平横梁的一侧有一根钢针，另一侧有两根钢针，可以用来为榫头、榫眼画线。调节旋钮可以把靠山固定在水平横梁上。在需要精确设置靠山位置的时候，先松开旋钮，将靠山滑动到大概位置，稍微拧紧旋钮，然后在木工桌上轻敲水平横梁的一端，进一步微调靠山的位置，在靠山到位后，拧紧旋钮。这款划线规在水平横梁的末端有一颗螺丝，用来调节两根钢针之间的距离。简单的划线规只有滑动条，没有调节螺丝。

图中是我的朋友自制的一款刀片划线规。刀片比钢针画线的刻痕更干净均匀，这也是我喜欢刀片划线规的原因。刀片划线规和钢针划线规的调节方法相同，并通过末端的旋钮固定刀片。通常情况下，刀片刃口斜面对着靠山，画线轨迹更易控制，且方便拉紧靠山紧贴木料边缘。有时需要反转刀片，保持刃口斜面位于画线的废木料侧，这样另一侧的切口会更整齐。

图中是一款带有刃口圆轮的商用划线规。要调节靠山的位置，应先松开两个紧固螺丝，把靠山滑动到大概位置。然后拧紧远端的螺丝，通过转动滚花套筒进一步微调靠山的位置。最后拧紧第二个螺丝。单手握持划线规，对着尺子或标记就可以完成整个操作。

无须测量，只用划线规就可以快速找到木板厚度的中心线。先把划线规的钢针设置在木板厚度的中心附近，保持靠山紧贴一侧木板，轻轻滑动钢针，在木料表面形成一道浅浅的划痕。然后水平转动划线规，使靠山紧贴木板的另一侧边缘画线，这时候木料表面会留下两条平行线，它们与厚度中心的距离相等。把划线规的钢针设置在平行线的中间即可。

沿木板边缘滑动划线规很有难度。保持靠山紧贴木板侧面，并注意木纤维的走向。钢针倾向于顺纹理方向运动。顺纹理推拉划线规，划线规更容易紧靠木板边缘；逆纹理推拉划线规，钢针很容易在纹理的影响下偏离预定线路，滑向边缘。适度倾斜划线规，这样划线规在滑动时，钢针是被拖动滑行的。应避免钢针垂直于画线表面滑动，以免钢针卡住或跳动。分几次轻轻画线，不要试图一次性用力刻划过深。

在端面画线的过程与上述方法相同，但要从两边分别向中心画线，以免撕裂端面。保持靠山紧贴木料一侧，倾斜划线规，从木料远端起始，拉动划线规画线到中间区域。然后从木料近端起始，保持靠山紧贴木料的同一侧，推动划线规画线，与之前的画线连接。用台钳夹紧木料会有帮助，这样就可以腾出双手来控制划线规。一次划线不需要很深，分几次逐渐加深即可。

当你可以熟练使用划线规时，可以一只手握住部件，另一只手控制划线规，保持靠山紧贴木料表面，或推或拉完成画线。这是另一种握持划线规的方式。

把部件按在木工桌上有助于保持其稳定。

可以用同样的方法在木板的大面上画线，保持靠山紧贴木板边缘，根据木料的纹理走向选择推动还是拉动划线规。图中的木板以中间为界，两边纹理的走向相反，因此近端部分需要拉动划线规画线，远端部分需要推动划线规画线。

保持部件端面悬空在木工桌的边缘，横向于大面的纹理画线。此时的钢针更容易跳动，所以宜轻轻画线，以免出现撕裂。

用金刚石磨条或包裹边角料的砂纸磨平钢针的侧面，可以减少拖拽不顺和撕裂发生。研磨后的钢针很像刀片。靠山一侧的钢针需要研磨得用力一些，形成刃口斜面，这样在画线时可以使靠山与木板贴得更紧。

刀片划线规与钢针划线规的使用方法相同，同样需要倾斜划线规拖动刀片画线。保持靠山紧贴木板边缘，滑动刀尖，完成几次轻划。为木板边缘画线必须顺纹理滑动刀片。

在端面画线，需要从两端起始分别向中间画线。

横向于纹理画线时，刀片划线规效果更佳。

刀片划线规（左）与钢针划线规（右）横向于木料纹理画线的效果比较。很明显，刀片划线规的画线切口干净整齐，没有撕裂。

刀片划线规的画线可以为凿子提供引导。

圆轮划线规和上述划线规的使用方法相同，同样需要保持靠山紧贴木板，然后推拉划线规画线。因为圆轮划线规通过圆轮画线，所以使用时划线规不必倾斜，只需滚动圆轮画线。圆轮划线规能够精确地控制滚动的距离，因此非常适合短小的画线或是在难以企及的位置画线。

在端面画线，应从两端分别起始，向中间画线。

圆轮划线规横向于纹理画线的效果与刀片划线规相当，切口整齐。

三种划线规的刃口都具有刃口斜面，方便靠山紧贴木板。

直角尺

　　直角尺同样有多种类型，用于测量、画线、确定角度和检查直角。

3种直角尺：小号工程师直角尺、组合角尺和自制木质直角尺。

定期检查直角尺。（A）用直角尺的靠山抵靠木板一侧刨平的边缘，横向于大面纹理画一条线。（B）翻转直角尺，保持靠山顶靠同一条边缘，在画好的线旁边画第二条线。（C）检查两条线，如果它们平行，说明直角尺角度准确；如果两条线彼此远离或相交，表明直角尺发生了变形。直角尺跌落在坚硬的地板上极容易出现变形。

可以小心锉削滑槽来校准组合角尺；工程师直角尺很难校正，可能需要丢弃；自制木质直角尺时，可以在最后一步刨平刀片边缘，日后如果需要修正，可以重复这个步骤。

使用直角尺时，保持靠山紧贴部件边缘，用大拇指压紧靠山，其他手指压紧尺身平贴木板大面。手指不要放在尺身的画线边缘，以免妨碍铅笔或划线刀画线。

顶紧木板另一侧边缘，用手指按住尺身，保持靠山紧贴木板边缘。

将直角尺的靠山立起平贴木板大面，检查木板边缘是否方正。确保直角尺不会向外倾斜。

划线刀

多功能刀、美工刀、铅笔刀和雕刻刀都可以用来画线。此外，有末端尖锐的专门的划线刀。有人喜欢单斜面的划线刀，一把斜面朝左，一把斜面朝右，可以分别在直角尺的两侧画线。

各种划线刀。

两相比较，划线刀的优势显而易见：划线刀的画线更细，更精确整齐。这也是划线刀更为常用的主要原因。此外，从实际操作的角度看，可以用直角尺引导刀尖，来回反复划刻，加深刻痕，形成切口，从而方便放入凿子，并精确下凿。划线刀也是细木工操作首先要准备的刀具，因为划线刀可以将表层木纤维干净利落地切断。

将划线刀放在画线的废木料一侧，来回划刻出深度合适的凹槽，以放入锯片。这个凹槽就是所谓的"下锯线"。

下锯线能够提供精确的锯切引导，确保切割位置精确，切口边缘干净整齐，对于切割精度和外观要求高的操作效果明显。下锯线也可以为凿子提供精确的下凿引导。

1

为了精确环绕木板的长纹理方向画一圈标记线，需要首先确定一条基准边和一个基准面（大面）。严格遵守程序画线，即使部件不是方正的木板，也可以确保画线的起点和终点精确衔接。在基准边上画一个"V"做标记，在基准面上画一个"F"做标记，"V"的顶点与"F"的末尾相接。图中的木板大面上已划刻出一条横向于纹理的标记线。

2

保持直角尺的靠山紧贴基准面，将划线刀的刀尖放在边缘需要画线的位置，然后移动直角尺的刀片使其贴靠划线刀。沿刀片移动划线刀，轻轻划刻几次，以得到所需的深度。

3

在大面上画线的话，需要直角尺的靠山抵靠基准边，把划线刀的刀尖放在之前基准边的画线末端，将直角尺的刀片滑动到位提供引导，然后画线。

4

在另一条边缘画线，同样需要直角尺靠山紧贴基准面，所以需要翻转直角尺。将划线刀放在之前基准面上画线的末端，将直角尺刀片滑动到位，引导划线刀画线。

5

画线在最后的转角处必须精确衔接。

6

为了验证上述方法的有效性，可以准备一块宽度和厚度方向都有锥度变化的木板，用直角尺沿相同的方向环绕木板画线。这样画出的线是螺旋线，所以线的终点会偏离起点。按照上述步骤，以基准面为参考重新画线，画线会首尾无缝衔接。

准备粗料

木工操作有粗细之分，前者重在去料，工作量大，追求的是速度和效率；后者重在细节，追求的是成品的美观与精确组装。

另一种区分木工操作的方式会将它分为粗操作、一般操作和细操作三个级别，其中粗操作需要完成大部分的工作量，一般操作完成中间的加工环节，细操作则做最后的细节处理。细操作只需清除很少的木料，尽管如此，它花费的时间通常比粗操作更多。

截料可以分为三个等级：三级属于粗切，用于对外观和精度都没有要求的场合；二级更为精细，用于对精度有明确要求的场合；一级则对应同时要求外观和精度的场合。

准备粗料是把原尺寸的木板粗切到大致尺寸的过程。加工余量为 ⅛~1 in（3.2~25.4 mm），余量越大，容错能力越强，但细操作需要切掉的木料也会越多。

不要一次性把尺寸切割到位。部件的尺寸应略微超出最终的成品尺寸，或者把切割线控制在废木料一侧，留出一些余量。

以切割方向划分，操作可分为横切、纵切和片切：横切是横向于纹理方向截料，把木料锯切到所需长度；纵切是顺纹理方向切割，得到所需的宽度；片切同样是顺纹理切割，得到所需的厚度。纵切和片切的工作量看似很大，但实际操作起来并不难，即使是切割硬木也不会很费力。粗切的工作量虽大，但时间要求较为宽松，自己控制好休息和操作节奏即可。

不要担心切割效果。即便切面有些难看，但只要留足加工余量，最后用手工刨只需几秒钟就可以把木料表面刨光。用手锯和手工刨配合操作，并根据自己的技能水平预留加工余量。如果你自认为技能熟练，可以直接切割到画线处。只要最终的切割没有越过画线就好。

工欲善其事，必先利其器。锋利的工具是保证操作速度与效率的关键。在开始操作前，要先把锯子研磨锋利；如果锯子变钝，要停下来将其研磨锋利后再继续操作。锯子锋利与否得到的结果是截然不同的。

锯凳与锯木架类似，样式繁多，其凳面宽度足以放置木板。锯凳凳面的一端开有 V 形缺口。可以根据自己的身高设计锯凳的尺寸，方便单膝顶住部件将其固定。可以制作两个锯凳，用于加工较长的木板，增加的锯凳可以支撑木板的一端，并接住锯切下的边角料。

选用锋利的纵切锯和横切锯。用蜡轻轻擦涂锯片两侧，润滑锯齿。可以把蜂蜡、石蜡、烛蜡或木工蜡涂在抹布上使用。润滑可以减少摩擦，使切割更加顺畅。也可以从装有矿物油或轻质机油的小罐子里拉出一条润滑油引芯，用其湿润的末端抹涂锯齿，或者把引芯放到木工桌的支架上，将锯片放在引芯上方摩擦。

横切

横切就是横向于木材纹理方向锯切，以得到所需的部件长度。

1

将木板放在锯凳上，切割线稍微越过凳面末端。左手按住木板，左膝顶住木板，右手推拉锯子锯切。起始锯切时，左手按紧放在靠近锯切线末端的转角处，用手指提供引导，使用锯片距离根部约 1/3 的长度处下锯。先小幅锯切形成切口，之后就可以正式锯切了。

2

以扳机式的握锯手法握锯。锯路形成后，可以稳定地大幅运锯，锯片向下倾斜，保持锯齿线与木板表面形成约 45° 的夹角。运锯要平稳且有控制，讲究技巧，而不是力大，通过锋利的锯齿，借助锯片的重量完成锯切。

3

切割到最后，抬高锯片，增加锯切角度，要轻、短，以较小的幅度收锯，干净利索地完成锯切。注意用手托住木板末端，避免边角料突然断开，沿切口形成长条状撕裂。

4

人体力学和身体部位的对齐很重要。肩膀、肘部、手腕和锯片尖端应在同一平面内，这样才能形成平稳顺畅的往复活塞运动。如果上述身体部位没有对齐，锯切时锯片容易偏斜或偏离锯路。

纵切

纵切是平行于木材纹理锯切，得到所需的宽度。

1

纵切整块木板可以体会到弹簧钢锯条的神奇魅力。当你在路上开车时，不能靠双手死死地握紧方向盘来确保车子笔直前进。你需要根据路面情况不断调整方向盘。同样的，纵切木材也需要不断调整锯片，及时纠正锯路，避免锯路偏斜。

2

将木板平放在锯凳上，锯切线越过凳面边缘，位于凳面末端切口的上方。右腿膝盖顶靠木板，将其压紧。仍然是在身体前方锯切，注意，每锯切几个回合就将木板前移一段距离。开始锯切时，左手按紧靠近锯切线的木板末端，把锯片放在锯切线的转角处，用手指提供引导，使用锯片距离根部约1/3长度处下锯。拉动锯片小幅锯切几次，以形成切口。锯路形成后，保持锯片向下倾斜，锯齿线与木板正面约成45°角，全幅度平稳锯切。以扳机式的握锯手法握锯。当锯切到一半的位置时，水平掉转木板，从另一端锯切。

如果锯片偏离锯切线，可以减小锯切角度，将锯片拉回重新对准锯切线。这样来回运锯几次即可使锯路恢复正常。图中锯片的弯曲幅度很大，是为了方便展示，实际上，锯片的弯曲幅度非常小。之后恢复锯切角度和锯切幅度继续锯切。就这样锯切下去，出现问题随时做细微调整。通过这样的练习，就能严格按照锯切线锯切木板。

3

如果没有锯凳，或者俯身锯切让你感觉背部不舒服，可以把木板固定在木工桌边缘，保持木板末端悬空。这种情况适合用夹钳固定木板。用木槌从上向下敲打夹钳可以夹紧木板；敲打夹钳的颈部后侧，可以松开木板。站在后面推拉锯片，如果锯切时抬高锯片让你感觉难受，可以减小锯切角度，并稍稍后退，站在距离木工桌更远的位置锯切。

纵切木板，需要将木板固定在木工桌边缘，且木板的一侧悬空。锯切过程中可以根据情况减小锯切角度，引导锯片切割。以这种方法锯切木板，可以从木板一端一直锯切到另一端，整个过程无须移动木板。

双手握锯的方式更为高效：将大拇指放在把手尖角的内侧，其他手指顺势环绕把手，以较大的角度上下推拉锯片锯切。

如果木板很短，无法放在锯凳上纵切，可以直接将其放在木工桌上锯切，或者用台钳固定木板，先纵切到一半长度处，然后上下翻转木板重新固定，从另一端完成纵切。单膝跪地，放低身体，这样可以保持45°的锯切角度。如果感觉跪姿运锯不舒服，也可以站立锯切，同时尽量减小锯切角度。

片切

　　片切也是顺纹理方向的锯切方式，用以得到所需厚度的木板。

片切是最费力的一种锯切方式。片切之前应先完成其他的锯切，尽量把部件加工到允许的最小尺寸，以减少片切的工作量。片切常用来制作需要匹配纹理的部件，或者制作薄板以提高木材利用率。应避免用刨子将木板刨削到所需厚度，后者不仅耗时费力，而且浪费木材。操作时，用台钳固定木板，保持木板的一角上翘，并从这个角下锯。锯切面必须垂直于木板端面，并与木板侧面平行。

2

3

可以采用两种方式运锯。方式一，当锯片越过端面的中线时，松开台钳，翻转木板重新夹紧，从端面的另一个角继续锯切。方式二，从一个角起始并持续锯切，一直锯到这个角的对角。无论哪种方式，都需要不断翻转木板，横向锯切木料。已经形成的锯路有助于引导锯片，反复翻转木板也有助于保持锯片不偏离锯路，并及时纠正锯片的偏差。减小锯切角度，将锯路沿木板的长度方向延伸，当锯切到一半长度的位置时，翻转木板，换到另一端继续锯切。重复上述过程，直至两端的锯路在中间贯穿。

片切后的木板大面较为粗糙，需要刨平。片切和刨削会消耗 $1/16 \sim 1/4$ in（1.6~6.4 mm）厚度的木料，具体消耗量因技术水平的高低而异，所以在片切时，必须根据自己的技术水平预留足够的余量。

练习粗切

　　这个练习能够强化你对锯片的操控能力。可以先用普通的廉价软木练习，等到操作熟练之后，再用好一些的木料练习，最后练习锯切硬木。

　　如果发现锯切效果没有达到预期，你需要停下来找原因，并在随后锯切时加以改进。这也是多次练习相同锯切的目的。锯切后的木料不要丢弃，可以留作以后练习之用。

1

2

制作一块练习板，在上面先画出 3 条全宽的横切线，两条全长的纵切线，再画出 3 条较短的横切线，一条较短的纵切线。然后沿画线锯切。确保锯片足够锋利，锯切时可以涂蜡或用引芯擦油润滑锯齿。

首先完成末端的全宽度横切。使用扳机式握锯法握锯。

3

完成全长度的纵切。

4

先完成最靠近末端的较短横切，得到一块小木板用于纵切。对于剩余的木板，先将其纵切为两块，每块木板再完成最后的横切。

5

把最先横切下的末端小木板纵切成两块。

6

用木工桌挡头木固定木板，对先前完成纵切的木板做横切。两块木工桌挡头木可以把木板尽量分开，并为木板提供足够的支撑。

7

将木板顶紧木工桌挡头木，保持切割线稍微越过木工桌挡头木的边缘，而不是位于两个木工桌挡头木之间。

8

水平放置木板，完成横切。

用细木工夹背锯横切第二块木板。夹背锯必须锋利，并在使用前润滑。

9

使用锯切得到的小块方形边角料练习片切。

手工刨

手工刨有 3 个方面需要关注，即刨刀刃口斜面的方向、刨身类型以及手工刨的配置数量。

刃口斜面的方向指的是刨刀在手工刨底座上的安装方式，包括刨刀的角度以及刃口斜面的朝向。图中前方是一把刃口斜面朝上的低角度台刨，后方是一把刃口斜面朝下的台刨。

A

B

图 A，刨刀刃口斜面朝上，图 B，刨刀刃口斜面朝下。除了早期的手工刨，绝大多数刨刀刃口斜面朝下的手工刨，刨刀上面覆有盖铁，这种设计因此也被称双刨刀。有时人们会把盖铁和刨刀搞混。刨刀的作用是刨削出薄木屑，盖铁的作用则是把薄木屑向上卷曲。

台刨的刨刀通常都是刃口斜面朝下，但刨刀刃口斜面朝上的手工刨也有很多人喜欢。短刨的刃口斜面都是朝上的。

手工刨的配置数量是针对去料、刨平和刨光等不同操作需要准备的手工刨的数量而言的。当然，只用一把手工刨，通过调整刨刀类型和手工刨的设置也可以完成上述操作。图中从前向后的3种手工刨，功能不同，依次是细刨、粗刨和长刨。每种手工刨都有特定的功能。粗刨用途广泛，可以完成多种操作，特别是刃口斜面朝上的粗刨。

刨身类型是指手工刨的材质及整体设计，材质有木质和金属两种。图中有3款木质刨和两款金属刨，从左到右分别是：老式木质刨、过渡式的金属－木质刨、新式木质刨和新式金属刨（两款）。图中没有展示金属槽刨，它同样比较常用。各种手工刨都有其功能，都在木工领域占有一席之地。使用不同类型的手工刨有点像驾驶不同类型的汽车，当你更换手工刨时，你需要学习新技巧。无论使用哪种手工刨，都必须安装好刨刀。刨刀松动的手工刨用起来令人沮丧。

搭配使用功能各异的手工刨没有什么坏处。这样，在操作过程中，哪种手工刨合适就用哪一种。图中的3种手工刨功能各不相同，组成了一种完美的搭配。

图中展示了3种手工刨形成的刨花的差别。木质粗刨、7号金属长刨和4号金属细刨，分别对应粗刨削、中等粗细刨削和精细刨削。用下面的方式解释刨削量可能更加形象：粗刨的刨花厚度像纸板，长刨的刨花厚度像打印机用纸，细刨的刨花厚度像薄纸。在当前的设置下，粗刨形成的刨花厚度是长刨刨花厚度的3~4倍，长刨刨花的厚度则是细刨刨花厚度的10倍。这些数据充分说明了，选择合适的手工刨完成相应操作的重要性。正确的选择才能保证效率。

用游标卡尺测量刨花厚度，粗刨的刨花厚度为 0.03 in（0.76 mm）（图 A），长刨的刨花厚度为 0.01 in（0.25 mm）（图 B），细刨的刨花很薄，几乎无法测量（图 C）。

准备精料

所谓精料，是指长度、宽度、厚度尺寸精确的木料，即木料的大面、边缘和端面都经过了手工刨的刨削处理。刨削顺序如下：第一步，刨削第一个大面；第二步，刨削第一条边缘；第三步，刨削第二条边缘，刨削结束后得到木板的最终宽度；第四步，刨削第二个大面，刨削结束后得到木板的最终厚度；第五步，刨削一侧端面；第六步，刨削另一侧端面，刨削结束后得到木板的最终长度。

正如粗锯加工得到木板的大概三维尺寸那样，精确加工最终会得到在长度、宽度和厚度各个方向都符合尺寸要求的木板。这一阶段正是木工操作精度的集中体现，通常角度偏差小于几分之一度，尺寸偏差小于千分之一英寸。只要不断练习，你就可以获得这样的加工精度，这也是手工工具的神奇之处。

处理好的第一个大面和第一条边缘可以作为基准面和基准边，后面的操作都是以它们为基准进行的。基准面和基准边是保证后续操作精度以及细木工制作的关键。先将第一个大面刨削平整得到基准面，再将第一条边缘刨削平整，同时使其与基准面垂直。接下来刨削第二个大面和第二条边缘，很容易就能得到分别与基准面和基准边平行的大面和边缘。所有的测量和画线都必须以基准面和基准边为基准，同时确保划线规和直角尺的靠山始终紧贴基准面（边）。一致的参考表面是确保部件完美接合的关键。

精确加工阶段也体现了锋利的工具对速度、效率和加工精度的重要性。操作之前一定要把工具研磨锋利，如果工具在操作过程中变钝，要停下来将其研磨锋利再继续操作。磨刀不误砍柴工。工具锋利与否，操作效果会天差地别。

手工刨削不是单纯的手臂运动，而是一种全身运动。你需要借助整个上半身的重量来刨削。人体上半身的重量通常为 50~100 lb（23~45 kg），刨削操作中的杠杆力臂为 4~6 ft（1.2~1.8 m）。注意在前推手工刨时，整个身体要随之前倾。

如图所示，F 代表第一个大面（即基准面），E 是第一条边缘（即基准边），与基准面 F 垂直；W 是第二条边缘，与基准边 E 平行，两条边缘的间距代表木板的最终宽度；T 是第二个大面，与基准面 F 平行，两个大面的间距就是木板的最终厚度；E 是第一个端面，同时与基准面和基准边垂直；L 是第二个端面，与端面 E 平行，两个端面的间距就是木板的最终长度；端面 L 同样同时与基准面和基准边垂直。

手工刨和手锯一样，必须锋利才好用。使用之前，先用蜡或油润滑刨身底部。刨削时使用扳机指握法。

在刨削部件大面时，有多种固定部件的方式，具体方式取决于木工桌的配置情况。我喜欢用两根板条固定部件，其中一根板条用台钳夹紧，另一根板条则通过定位销固定在木工桌的限位孔中。

将部件上移顶在两根板条的夹角处，其中一根板条充当木板的端面挡块，另一根板条充当木板的侧面挡块。不需要用夹具夹紧木板，因为刨削的力量会使部件自动紧靠板条。对于需要重新定位或反复翻转部件的操作，这样无疑效率更高。

用木槌敲击定位销，使其从后面顶紧板条。

也可以用刨削台刨削木板，它看起来就像一个大号的木工桌挡头木。刨削台的前方类似于木工桌挡头木，用来钩住木工桌的边缘，在刨削台的正面、后侧以及左侧各有一根木条，用来充当挡块。用定位销或限位块顶紧刨削台的侧面，或者直接用木工夹夹紧刨削台的前端。刨削方式与使用板条固定木板时相同。

刨削的操作顺序一般是粗刨、刨平和刨光，对应的手工刨的使用顺序则是 5 号粗刨（图左）、7 号长刨（图中）和 4 号短刨（图右）。木板边缘通常直接用长刨刨平，不需要继续刨光，只有木板的大面才需要刨光。有些操作需要用到轻巧的手工刨，4 号短刨是首选。

为了高效快速地完成粗刨，粗刨使用的是弧形刃口的刨刀（图左）；长刨和短刨使用的是直刃口的刨刀（图右）。如果木板尺寸已经接近成品尺寸，可以跳过粗刨操作。

刨刀与盖铁的位置关系。5 号刨刀的刃口与其盖铁前缘间距较大，7 号刨刀的刃口与其盖铁前缘间距较小，4 号刨刀的刃口与其盖铁前缘间距更小，所以，5 号刨刨出的刨花较厚，7 号刨刨出的刨花较薄，4 号刨刨出的刨花最为轻薄。

刨削基准面（F）

1

为了刨平第一个大面（F）作为基准面，应先垂直于纹理横向粗刨。先用5号粗刨沿木板较远一侧的边缘刨削，注意在刨削时以一定的角度稍稍上提手工刨，以免横向于纹理刨削时压碎边角区域。

2

垂直于纹理方向刨削，相邻笔画间保持部分区域重叠。相比顺纹理刨削，横向刨削可以刨削得更深，这是快速粗刨木板大面的秘诀。

3

如果只靠手臂力量刨削，你很快就会疲劳。正确的身体力学需要借助全身的力量。前推手工刨时，身体应同步前倾，这样可以增加推力，同时节省手臂力量，从而延缓疲劳。

4

如果纹理走向复杂，难以刨削，可以沿对角线方向适当倾斜手工刨，斜向完成刨削。倾斜手工刨会减小刨削的有效角度，降低了刨削效率，但在刨削纹理复杂的木板时，这的确是有效的方法。

5

用两根曲面量尺检查木板表面是否存在扭曲或翘曲。图中的曲面量尺是用铝角钢制作的。也可以用传统材料制作曲面量尺。无论用哪种材料，测量面都必须平直。将两根曲面量尺分别放在木板两端，横跨木板平行放置。

6

双眼平视量尺的顶端。如果量尺顶端平行，说明木板表面平整；如果量尺顶部不平行，则说明木板一角翘起，或者沿对角线的两个角翘起。量尺较长，可以放大木板的扭曲程度，使其更易观察。移动两根量尺彼此靠近，观察量尺顶部的平行情况，找出所有扭曲或翘曲的位置。木板可能沿整个长度方向均匀地扭曲，也可能是局部存在扭曲。用一根曲面量尺作为平尺可以检查木板在横向上是否存在瓦形形变。也可以用一根曲面量尺或平尺检查木板沿长度方向是否存在扭曲。

7

沿对角线刨削，可以刨平两处高点消除扭曲。对于单独的高点，可以有选择性地刨平，为了避免矫枉过正，每次不能刨削过多，可以一边刨削，一边用曲面量尺检查木板表面。

8

设置长刨的刨削量，需要从底座的末端向下观察，同时转动深度调节旋钮调整刨刀的外露长度，然后移动水平调节杆，将整个刃口调平。最初的几次刨削可以稍深一点，以消除粗刨时留下的高点。

9

以笔画部分重叠的方式沿对角线刨削，逐渐将笔画延伸到全长。在刨削高点时，产生的刨花会很小，随着高点被刨平，刨花很快会变大。均匀刨平整个表面，不要在某个位置重复刨削形成凹陷，否则只能以凹陷位置为基准重新刨平。

10

一旦刨花开始变大变厚，需要减少刨刀刃口的外露长度，以降低刨削阻力。把手工刨放在部件上，一边调整刨刀，一边用手指拍打手工刨。如果刨刀刃口露出太少，无法刨削木料，可以重新调整刨刀。相对于深度刨削，浅刨削虽然需要更多次数，但是更容易控制。

11 A

11 B

在刨削的起始和收尾阶段，控制作用在手工刨末端的压力很关键。如果控制不好，部件的末端很容易被倒圆。起始时（图 A），将所有向下的压力施加在手工刨的前端，不要向手工刨的后端施力，就好像没有将手按在手工刨的后端手柄上一样，这样可以防止手工刨的后端下垂；前推手工刨，随着手工刨的重心完全落在刨削表面，施加在手工刨前后端的下压力趋于均衡。收尾时（图 B），将所有向下的力施加在手工刨的后端，就好像没有将手按在手工刨的前端一样，这样可以避免手工刨的前端下垂。实际操作时，并不需要把手拿开，图示只是为了更好地说明双手向下用力的变化（这是很有效的练习方法）。

12

刨削纹理不规则的位置，可以适当倾斜刨身，沿木料的长度方向刨削。在很多操作中，倾斜刨身是很有效的策略。

13

再次强调，刨削的身体力学极其重要，不要笔直地站立用手推刨，而是要随着手臂的前伸，随之前倾上半身，借助整个身体的动量前推手工刨。你的身体就像一个倒立的钟摆，以髋部和支撑腿、支撑脚这条线为轴线前后摆动。在刨削长木料时，以部分区域重叠的方式刨削，并可根据需要移动脚步，每次可以前移一步。

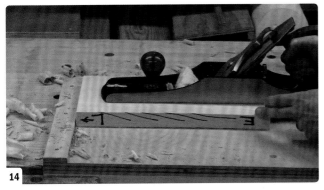

14

通常情况下，都应顺纹理刨削。我做了标记，以展示木材的纹理是如何由近及远地上升延伸的。作为练习，可以调转木板，逆纹理刨削，比较两者的差别。经验表明，对于有些木材，顺逆纹理刨削的差别很小，而另外一些木材，顺逆纹理刨削的差别则非常明显；除了木材种类，这种差异也受到特定部件中特定纹理走向的影响。逆纹理刨削通常更加困难，容易撕裂木料，甚至撕下大块的木料，形成的表面也更粗糙。

15 A

15 B

每一次刨削，刨刀都应该越过木板的远端，所以保险起见，每一次前推手工刨都要增加一点前推的量。刨刀的刃口大致位于刨底的中间区域，必须确保刃口越过部件的末端。

16

把刨身用作平尺，横向和纵向检查木板表面是否存在高点或低点。如果刨身下面透光，表明该位置是低点。也可以用铅笔平行于木板的长度和宽度方向画线形成网格，然后再刨削。保留铅笔画线的位置就是低点。用手工刨刨平其余位置，使其与最低点平齐。

17

使用曲面量尺检查木板表面的平整度。如果表面已经足够平整，就用短刨完成最后的刨光处理。短刨的刨削量很小，只要刨削连贯，不会改变木板表面的平整度。

18

用 4 号短刨完成最后的刨光操作。刨光也可以在组装后进行，这样可以同时清除制作过程中留下的标记、凹痕或划痕。

19

标记基准面。传统的做法是标记小写字母 "f"，"f" 的尾巴指向作为基准边的侧面。

刨削基准边（E）

1

刨削基准边，需要用台钳夹紧部件，待刨削的侧面朝上，与其相邻的大面上的纹理应向远离身体的方向延伸上升。粗刨的刨刀刃口多伸出一些，适当增加刨削量，特别是在需要大量去料的情况下。左手大拇指从后面钩住球形手柄，其他手指弯曲托在底座下，其中食指靠紧大面滑动，为手工刨提供引导，身体前倾，手臂向前伸展刨削。

2

如果木料难以刨削，可以适当倾斜刨身，然后沿对角线方向斜向小幅刨削，或者沿长度方向刨削。可以先做斜向小幅的深度刨削，再沿直边大幅刨削。

3

刨平木板边缘需要格外用心，因为你的目标是获得与基准面垂直的小侧面。这个操作也是训练身体体会垂直关系的重要环节。将手工刨的底座平贴在木板边缘，左手大拇指钩住球形手柄后侧，其他手指弯曲托在底座下方，同时像靠山一样紧靠大面。首先处理粗刨形成的粗糙表面，这时形成的刨花很细碎，刨削深度可以大一些。随着刨削表面变得平整，刨花会迅速变宽变厚，并趋于一致，此时应减少刨刀伸出量做浅刨削，最后通过一次浅刨削得到所需的精确尺寸。

4 A

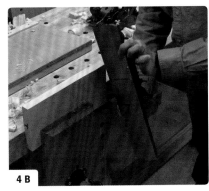

4 B

4 C

（A）用大拇指钩住球形手柄的后侧，（B）其他手指弯曲托在底座下方，（C）从下朝上看，可以看到弯曲的手指。

5 A

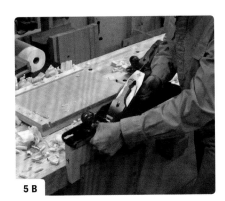

5 B

5 C

与刨削大面时一样，刨削的起始和收尾必须控制好下压的力度，避免刨身的一端下垂。（A）起始时，主要是前面的手用力，将下压之力施加在手工刨的前端。（B）随着手工刨向部件内部推进，逐渐过渡到双手均衡地向下用力。（C）收尾时，主要是后面的手用力，将下压之力施加在手工刨的后端。作为练习，可以单手握住手工刨的后端把手刨削，体会施力的变化。

6

7

在刨削过程中，随时用直角尺检查边缘与基准面是否垂直。应检查多个位置，一旦发现问题，马上刨平，以免偏差越来越大。如果有光线从直角尺下方透出，则表明边缘刨削得不够方正平整。

用刨身侧面或直尺检查刨削表面的平整度。如果光线从直尺底部透出，则表明该位置是低点。如果低点位于中部，则需要继续刨削，直至其他区域与低点区域平齐。如果低点在两端，说明在刨削的起始和收尾阶段，没有控制好向下的压力，导致边缘两端被倒圆角。

8

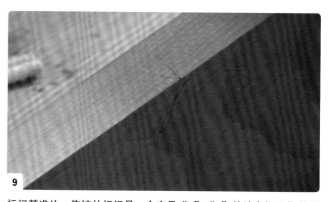

9

图中的边缘与基准面不垂直。用直角尺紧贴边缘表面，结果光线从直角尺的后缘透出，这说明刨削表面的前侧偏高，需要将其刨削到与后侧平齐的程度，获得平整方正的边缘。由于手工刨两侧没有设置靠山，所以刨削时必须保持手工刨底面垂直于基准面。刨削时，偏高的部分应居中正对刨刀。开始时的刨花很细窄，随着前侧逐渐被刨平，刨花会变宽。保持刨削区域相对于刨刀居中继续刨削，直至刨削面足以平稳地支撑手工刨。通常轻轻刨削两三次即可。刨削很容易矫枉过正，在中间形成凸起的高峰。再次用直角尺检查垂直关系。如果边缘已经刨平，并与基准面垂直，就停止刨削。

标记基准边。传统的标记是一个字母"V"，"V"的端点与"f"的尾部相接。这两个标记至关重要，代表你已经获得了一个平整的大面，和一个平整的小侧面，而且两个面彼此垂直。用直角尺检验，每次都要把直角尺的靠山紧贴在基准面或基准边上，而不是没有标记的表面。所有的测量都要以基准面或基准边为基准，这样的好处是可以减少误差叠加，避免各个面变形越来越严重。

10

用直尺检查，如果发现木板边缘两端倒圆，就分别在木板两端距离末端几英寸的位置画几条线，作为需要进一步刨削的起始线和终止线。从起始线开始，用手工刨横向刨削，直到终止线处，抬起手工刨结束刨削。来回刨削几次，直到刨刀无法继续形成刨花，因为手工刨被新形成的高点挡住了。接下来，进行全长度的刨削，直到把所有高点一次性刨平。

刨出所需宽度

1

在木板的基准面上标记并刨削得到所需宽度。从基准边出发测量，在基准面上画出平行于边缘的宽度线。把部件固定在台钳上，待刨削面朝上，木材纹理向着远离身体的方向延伸上升。如果木板的实际宽度远远大于所需宽度，可以先用纵切锯锯掉多余部分，也可以用5号粗刨深度刨削到接近宽度线的位置。全长度刨削，或沿对角线方向斜向刨削，快速去除多余木料。这侧边缘的刨削要求与参考边相同，此外，还要沿整个长度方向刨削到接近宽度线处。不用担心表面粗糙，但是必须小心操作，避免刨削越过宽度线。可以有选择性地刨平高点。

2

一旦刨削接近宽度线，换用7号刨继续刨削。开始刨削时，可以适当调大刨削量，把粗刨留下的粗糙表面刨平。随着刨花长度变得完整，刨削接近宽度线，调回到正常的刨削量。一边刨削一边检查刨削面是否平整方正。因为有宽度线提供参照，所以不需要用直尺检查。如果需要做修正，应在尚未刨削到宽度线之前进行；如果已经刨削到了宽度线处，再做修正就会来不及。如果某些位置距离宽度线稍远，可以先减少刨削量刨削这些位置，再做全长度刨削。精确刨削到宽度线，得到宽度精确、形状方正的部件，这是很精细的操作。

刨出所需厚度

1

使用划线规画出所需的厚度线，刨削得到所需厚度。用划线规的靠山贴住基准面，环绕边缘和端面画出一圈尺寸一致的厚度线。倾斜划线规，使钢针或刀尖滑行得更顺畅。用铅笔加深画线可以使其更明显。因为是以基准面为基准画线的，所以厚度线圈出的平面是与基准面平行的，只要严格按照厚度线刨削，最后刨削得到的表面会很平整，并且与基准面平行。

2

刨削上述大面与刨削基准面的要求完全相同，此外，还需要将整个平面严格刨削到厚度线处。先用5号粗刨在靠近远端边缘的位置来回刨削几次。稍稍倾斜刨身，刨削至接近厚度线的位置，这样可以避免后续的刨削撕裂边缘。

增加刨刀刃口的伸出量，横向于纹理进行深度刨削。用这种方式可以轻松刨削掉 ¼ in（6.4 mm）厚的木料，厚厚的刨花很像卷笔刀切屑。伸展手臂的同时，保持身体前倾，整个身体用力。接近厚度线的时候，减少刨刀刃口的伸出量做浅刨削。根据木材和纹理的状况，可能需要不断调整刨削量。深度刨削能够提高效率，浅刨削则适合处理困难区域。后续的刨平操作会消除之前的痕迹，刨平需要更浅的刨削。

换用 7 号长刨准备深度刨削。顺纹理刨削，必要时可调转部件方向。增加刨刀刃口的伸出量以便做深度刨削。首先刨削之前留下的高点，待刨花变得完整，就减少刨刀刃口的伸出量恢复浅刨削。保持操作的连贯性，中间不要停顿，保持刨削区域部分重叠，将整个面均匀刨削到接近厚度线的位置。先用手指在刨削面上滑动，再用直尺检验刨削面是否高低不平。发现不平整的地方，轻轻刨削修正。严格参照厚度线刨削，才能得到精确的厚度。这同样是一项很精细的操作。此外，还要考虑为最终的刨光预留足够的加工余量。

最后，减少刨刀刃口的伸出量，以非常小的刨削量完成刨光操作。当然，刨光操作也可以在部件组装后进行。这一步的刨削量只有一根头发的厚度。

如果台钳上配有限位孔或可以升高的限位块，且木工桌台面上有与之对齐的限位孔，就可以如图所示地固定木板，纵向刨削大面。

按照图中的设置，你可以站在部件后面操作。同样需要手臂前伸，身体前倾。你可能会觉得，这种刨削方式更适合你。

如果部件长度超过了木工桌台面的宽度，可以按照图中所示的方式使用板条固定木板。横向的板条上有一个定位销，可以插入限位孔中固定板条。这块板条可以围绕定位销转动，用来固定端面或边缘成角度的部件。第二块板条通过夹钳固定，用来支撑第一块板条。

从木工桌的一端起始操作，动作模式并没有变化，依然是手臂前伸，身体前倾，刨削动作的幅度取决于手臂的伸展范围。

刨削端面

端面的刨削难度是最大的。一方面是因为，坚硬的木纤维不易切割，特别是边角部分，刨削时很容易撕裂。另一方面则是因为，端面很小，很难支撑手工刨保持方正的刨削。不过也不用担心，因为木工有刨削台这种精准刨削端面的秘密武器。它的前端带有挡块形成的钩状结构，可以钩住木工桌的前缘；它的后部带有靠山或限位块，用来顶紧部件；底座用来引导手工刨刨削（操作时，手工刨侧面跨在底座侧面）。刨削台有多种样式，无论哪种形式，最关键之处是，其靠山必须与底座精确垂直。图中这款刨削台配有可调节垫片，可以用来调整靠山，使其与底座垂直。

使用刨削台，应始终保持部件的参考边紧贴靠山，以确保端面与参考边垂直。手工刨的类型不限，只要其刨身侧面与底面垂直就可以。重而大的手工刨刨削端面的效果较好。小型手工刨也可以刨削端面，尤其是刨刀刃口斜面朝上安装的低角度刨。还可以使用专门的修边刨。刨刃必须锋利，这样才能干净利落地切断木纤维，同时，刨刀要装正，刃口要与刨底平行。操作之前，可以用蜡或油芯擦拭润滑刨身底面和侧面。

刨削第一个端面。从基准边出发，在木板靠近端面的位置画一圈垂直于侧面的线。基准边一侧的边角是最后刨削的位置，很容易在刨削过程中撕裂。为了防止发生这种情况，可以先钝化这个边角。保持部件正面朝下，与刨削台成一定角度，这样该边角就从远端转到了近端，用手工刨直接刨削掉棱角，也可以用凿子直接凿切掉棱角。翻转部件，保持基准边顶紧靠山，木板待刨削的端面稍稍悬空，外露约一片刨花的厚度。

4

调整刨刀刃口，保持中等刨削深度。虽然你希望尽可能快地去掉多余木料，但是在端面上做深度刨削很困难。右手握住工具，左手按住部件顶紧靠山，同时，使刨削台的钩状结构紧靠木工桌的前缘。将刨口后撤稍稍越过近端边角，起始刨削。这样可以形成足够的动量，沿整个端面形成连贯的刨削。保持手工刨的底面紧贴木板端面（可能需要多次练习才能熟练掌握），像刨削大面一样刨削，直到刨口越过靠山，身体也要随之前倾。刨削过程可以听到"舒舒"的刨削声。每刨削一次，部件就需要重新悬空，露出一片刨花的厚度。多次刨削后，随着高点被清除，刨削过程和刨花会变得连贯。如果刨花不成形，很容易碎成屑，说明刨刀需要研磨了。如果刨削不能一顺到底，总是在中途出现卡顿，需要在起始刨削前适当后撤手工刨。

5 A

5 B

检查端面是否与基准面和基准边垂直。如果不垂直，刨削时需要轻微摇动手工刨，或者调节手工刨的水平调节杆，使刨刃稍稍偏向一侧做出补偿后，再继续刨削。如果是端面与基准面不垂直，可能是因为部件没有顶紧靠山，同时也要检查靠山和刨削台的底座是否垂直。精确刨削端面，确保端面与基准面和基准边同时垂直。

长度刨削

1

根据所需长度刨削部件。从刨平的端面开始，标记所需要的长度，在木板上环绕侧面画一圈线。如果需要去除的木料很多，可以先锯掉大部分木料，然后再刨削。锯切不需要很精确。

2

将木板固定在木工桌挡头木上，用横切锯锯切。这一步只是粗切，因为锯切位置距离实际画线还有一段距离，所以不必担心外观或准确性的问题。

3

刨削锯切的端面，得到准确的木板长度。将基准边顶紧靠山，以相同的方式刨削第二个端面，唯一需要注意的是，第二个端面的刨削要参考画线进行。如果画线没有在正面，则需要把画线延伸到正面，以便于观察。每完成一次刨削，就将木板重新悬空，伸出一片刨花的厚度。注意沿两个方向检查端面是否方正。刨削后的端面与基准面和基准边都要垂直，且长度准确，这需要精细的操作。

4 A

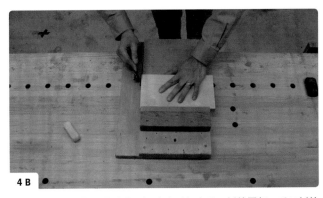

4 B

用低角度短刨刨削。（A）低角度短刨能够干净利落地刨削端面。当然，手工刨的侧面必须与刨底垂直。（B）右手扣在手工刨的尾部，手工刨的前端对齐部件的近角，这样可以形成足够的动量，一次性把手工刨从部件的近角推过远角。

5

端面刨削到位的木板，完全可以平稳地竖立在台面上而不晃动。

木板竖立在台面上，其大面垂直于台面（A），其边缘同样垂直于台面（B）。

（A）如果部件较宽，无法用刨削台加工，可以直接刨削端面。用台钳固定部件，保持一侧端面朝上，使用较为轻便的手工刨，比如4号刨进行刨削。减少刃口的伸出量进行浅刨削。可以适当倾斜刨身，从一角刨削到中间位置，然后提起手工刨，调转木板重新夹紧，从另一角刨削到中间，与之前的刨削面汇合。如果纹理情况复杂，很难刨削，可以将手工刨分别向两侧稍稍倾斜，先刨削棱角，中间留下一条细窄的脊，再将这条脊刨平。相当于把整个宽度分成三段刨削。（B）同样可以直接刨削端面。无论选择哪种方式，手工刨都要调整到位，刨刀刃口要足够锋利。

沿长度方向刨削边缘时，手工刨容易左右晃动。为了说明问题，图片有些夸大，手工刨开始时向右侧倾斜（A），刨削到末端时又倾斜到了左侧（B）。结果，身体近端的木板边缘在右侧存在间隙（C），身体远端的木板边缘在左侧存在间隙（D），只有中间某些位置还算平整。

这与用曲面量尺检验大面是否扭曲的情况类似，解决的方法也一样。用手工刨从高点到高点刨削。水平握持手工刨，保持木板边缘居中对正刨刀，将手工刨平稳地放在近端的高点处（A），小心地沿边缘刨削，沿对角线方向稍稍倾斜刨身，一直刨削到远端的高点处（B），且木板边缘恢复居中对正刨刀的状态。刨削形成的刨花，开始时很窄，且偏向一侧，然后会逐渐变宽，最后会偏向另一侧并逐渐变窄。可能需要来回刨削几次，才能解决扭曲问题。注意保持手工刨水平运动，以浅刨削的方式推进，手臂应靠近身体，通过移动脚步稳步推进，而不是前伸手臂大幅推刨。刨削几次之后，最后的刨花宽度会与边缘宽度相同。

有些部件比较细长，刨削其边缘时，如果用台钳固定，木材的末端或者中间很容易弯曲。

有一种解决方法：升高木工桌台面的限位块，顶紧部件的一端，依靠台面支撑整个部件（A）。继续升高限位块，这种方法同样可以处理较宽的部件（B）。这种方法的优点是，可以用整个台面支撑部件；缺点是，部件只有一端顶在限位块上，刨削过程中容易左右滑动。

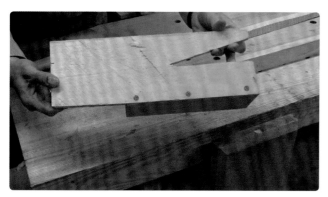

另一种解决方法：使用鸟嘴形夹具固定部件。这类夹具款式多样。图示是一款最基础的鸟嘴形夹具，是用边角料制作的。

先把夹具底部的垂直挡块固定在台钳中，然后再把部件的一端插入鸟嘴形的开口中固定。这样部件就会被夹紧，而且有台面做支撑，部件不会左右滑动。

鸟嘴形夹具不仅可以固定细窄的部件，也可以固定较宽的部件。

刨削过程中，鸟嘴中的部件会被挤得更紧。用较软的木材制作的夹具能够避免在部件末端留下压痕。

木质手工刨的使用

木质手工刨与金属手工刨的使用方法相同。同样的，也是根据刨削速度调整刨刀刃口，控制刨削深度。润滑刨底，刨削时的上半身姿势和身体力学与使用金属刨时相同。先用中号粗刨刨削，右手以扳机指的方式握住后部把手，注意手工刨前端，左手大拇指应置于近身的一侧握刨（A）。调整刨刀刃口的伸出量，使其适合深度刨削快速去料，倾斜刨身，小幅推进去除废木料（B）。

接下来使用长刨刨平木板边缘。左手的姿势与使用金属刨时一样，大拇指之外的几根手指弯曲置于刨底提供引导。

最后用木质短刨刨光。这种手工刨在欧美有个别称，叫"刨棺刨"，不是因为它主要用来刨光棺材板，而是由于它的形状像棺材。

最后介绍的是一种粗刨，其刨身短而窄，刨刀刃口呈弧形且弧度很大。它适合粗刨，刨削出的刨花窄而厚。

为了避免撕裂，先沿远端的边缘做一次深度刨削，再横向刨削木板大面。因为刃口弧度很大，同时很窄，所以刨削产生的刨花很窄。以相邻笔画部分重叠的方式刨削，将整个表面均匀粗刨到所需位置。也可以适当倾斜刨身沿对角线方向刨削；这种粗刨方式同样适合刨削木板边缘，斜向小幅刨削很适合深度去料。

刨削练习

通过练习可以提高对手工刨的控制能力。跟练习粗锯一样，先使用便宜的木料发现和解决问题，待到熟练后，再用好一点的木料练习。最后再找一些硬木练习。

通过调整刨削深度来控制刨削速度。这就好比驾车，不能始终保持一个档位，应根据需要增减刨削量，以控制刨削速度。以扳机指的方式握刨。在开始操作之前，用蜡或油芯擦涂刨底润滑。这也是认识各种固定部件，同时练习使用不同类别手工刨的好机会。

在刨削较长木板的大面时，根据木工桌的具体配置和设置，有几种固定木板的方式可供选择。如果木工桌安装有端台钳，则部件的一端用台面限位块顶紧，另一端用台钳限位块顶紧。图中的木工桌配有刨削限位块，并且开有限位孔。适当调高限位块的高度以固定部件。注意限位块的高度，不能高于最后的刨削面。

1

2

木板的一端顶住台面限位块，在靠近另一端的限位孔中插入限位块或其他挡块。如果使用的是平头限位块，还需要插入一根楔子或一对反向楔卡住部件。图中的推拉式快速夹像端台钳一样使用方便。无论如何固定部件，都不要拧得太紧，以免部件受力太大向上弯曲。

3

为了防止刨削过程中撕裂边缘，先用粗刨沿木板的远端边缘刨削一下，然后再用粗刨横向刨削木板大面。如果刨削过程中撕裂严重，可以适当倾斜刨身刨削。图中这块木板有些许的瓦形形变，所以最初只刨削了靠近木板前后边缘的区域，没有刨削木板的中间区域。

4

先用金属刨刨削几次。随着两侧区域与中间区域变得齐平，就可以形成全长的刨花了。用曲面量尺检查木板表面的平整度。发现高点，逐一将其刨平。可将旧刨用于粗刨阶段，将精细的手工刨用于细刨阶段。

5

如果木工桌不能使用推拉式快速夹，可以使用木质或黄铜的台面限位块固定木板。因为木料和黄铜材质较软，所以即便接触刨刀刃口也不会造成损坏。

6 A

6 B

可以用鹿蹄形的夹具（A）固定木板另一端。这种夹具是一块一端有 90° 开口的木板。用夹具的开口端顶住部件，用夹钳或其他木工夹将夹具的另一端固定在台面上（B）。

7

换用长刨，适当增加刨削深度，先斜向刨削，清理粗刨形成的粗糙表面。用曲面量尺检查表面是否平整，刨平残留的高点。

8

凸面朝下放置瓦形形变的木板，在刨削时木板会左右晃动。为了避免这种情况，可以翻转木板，先用粗刨刨平木板中段凸出的部分。要顺纹理刨削，因为这种情况下，横向刨削的话，手工刨容易沿曲面滑动，刨刀很难切入木料中。木板中段刨平整之后，确保木板不会再晃动，翻转木板重新固定，继续刨削。

9

用长刨以全长的笔画直线刨削，注意笔画之间保持部分重叠。有条不紊地刨削，以得到平整一致的表面。在接近厚度线时，减少刨刀刃口的伸出量做浅刨削。作为练习，可以再次用粗刨刨削这块木板的表面，然后用长刨刨平。

10

练习刨削边缘。用前台钳固定木板的一端，保持待刨削的边缘朝上。用夹钳固定木板的另一端，以免刨削时木板滑落。

11 A

11 B

练习不同的刨削方法：用不同的手工刨，沿木板边缘笔直刨削（A）和斜向刨削（B）；做深浅不同的刨削；向一侧倾斜刨身，刨削棱角，再重新放平手工刨刨削；用粗刨做斜向小幅刨削。这些练习的目的是帮助练习者找到操作手工刨的感觉。先把边缘弄得高低不平，再将其刨平刨方正。如此反复练习。这是熟练掌握手工刨操作的有效办法。

12

练习刨削端面。在靠近端面的区域画几条定位线，画线的间距约为 $^1/_{16}$ in（1.6 mm）。

13 A

13 B

把木板端面朝上固定在台钳中。用刃口锋利的细刨刨削，先调整刨削深度（A），参照第一条定位线刨削。掉转木板（B），分别从两端向中间刨削。练习直线刨削和斜向刨削两种方式。

14 A

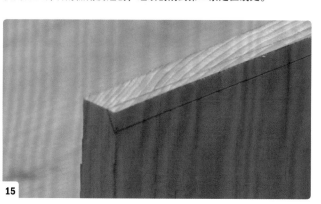

14 B

使用刃口锋利的低角度短刨，继续刨削到第二条定位线处。

用短刨为木板端面倒角是一种有趣的练习。先在端面和大面上画出定位线，然后在边缘画斜线完成连接。

15

16 A

16 B

紧握短刨，按照倒角角度倾斜斜向刨削。用手指顶住木板大面为短刨提供引导；不要试图一次性刨削到位，要从两端向中间分步刨削。短刨非常适合倒角操作，因为可以单手握持，操作起来很顺手。

17 A

17 B

同样用手指顶住木板大面为短刨提供引导，为木板的长纹理边缘倒角。也可以尝试为端面和长纹理边缘倒圆角，比如四分之一圆角、半圆角或牛鼻形弧面。

18

操作完毕，得到的一大堆刨花可用作壁炉或篝火的燃料。

锥度刨削

我们已经熟悉了刨削方正部件的过程，接下来学习如何制作带锥度的部件，比如带锥度的桌腿。

1

制作带锥度的桌腿，先在方木坯料的两个侧面画线。可以用片切的方式锯切锥度面，但是用手工刨削会更容易。

2

先用 5 号粗刨去除大部分的废木料。增加刨刀刃口的伸出量做深度刨削，稍稍倾斜刨身刨削。首先刨削废木料最厚的区域，起始位置距离部件后端约 1/3 长度。随着刨削表面与画线逐渐平行，每次刨削的起始位置要逐渐后移，直到画线处。

3

继续沿与画线近乎平行的刨削面刨削，在距离画线还有一次深度刨削的距离时停止刨削。因为粗刨的刃口成弧形，所以粗刨后的表面会形成一道道明显带有弧度的凹槽。

4

换用 7 号长刨，增加刨刀刃口的伸出量准备深度刨削。先刨削几次，刨平表面的高点，使表面整体平整，平行于画线。随着刨花变得完整，减少刨刀刃口的伸出量，准备浅刨削。检查平面的方正程度和平整度，然后通过几次浅刨削收尾。桌腿顶部是方正无锥度的，所以刨削时务必小心，不要越过画线，同时注意相邻侧面之间保持一致。

5

在加工好的锥度面上画线，然后翻转部件，把另一侧待刨削的面朝上。由于锥度面并不平行于台钳，所以固定部件有些困难，一种解决的办法是，在间隙处塞入边角料作垫片，使部件受力均匀。

6

另一种解决办法是，用台面限位块顶紧部件一端，同时在部件侧面用夹钳固定一根板条提供支撑。注意，确保限位块和夹钳不会妨碍刨削。

7

与刨削第一个锥度面一样，先粗刨，再刨平。

8

长刨的前端在这个时候会撞到台面限位块，所以我将部件重新固定到台钳上继续刨削。

9

带锥度的桌腿制作完成了。上述操作适用于任何数目带锥度侧面的刨削，比如六面带锥度或八面带锥度的部件。

用木楔辅助固定

可以制作长条形木楔辅助固定部件。在需要片切的木料上画线。将部件一侧边缘朝上固定在台钳中，先沿长边锯切。按照图中的角度锯切，斜向锯切与直线锯切并没有什么不同。

将部件竖起端面朝上，固定在台钳上，继续向下锯切。然后翻转木板，保持另一侧边缘朝上重新固定，重复相同的锯切。

木楔与台钳的匹配度比边角料好得多。虽然制作木楔需要花点时间，但是其用途广泛，很多场合都用得上，因此是值得的。制作很多作品时都需要制作特殊夹具，这也是一个日积月累的过程。

用推拉式快速夹和台面限位块把带锥度的桌腿固定。在锥度面下方垫上木楔，使待刨削表面与台面平行。现在可以全长刨削桌腿了。

刨削凸嵌板

凸嵌板主要用在框架-面板结构中。制作凸嵌板需

要"槽刨"这种专门的手工刨，刨刀刃口的形状要适合倒角和修边，不过，也有很多使用常用工具制作凸嵌板的方法。

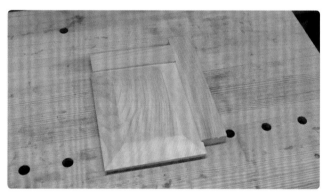

图左，枕头式凸嵌板，中央凸起，四周是一圈简单的倒角斜面，斜面为单一平面；图右，凸嵌板，中央凸起，四周边缘倒角成斜面，斜面为渐变复合面。

在框架-面板结构中，凸嵌板可以在框架凹槽中伸缩浮动。这种设计是为了应对环境湿度变化引起的木料形变。

制作枕头式凸嵌板

制作枕头式凸嵌板，要先准备一块平整方正的木板。用到的工具有：组合角尺，设置为 1½ in（38.1 mm）；划线规，设置为 ¼ in（6.4 mm）；凿子，用于凿切边角；5 号刨，用于粗刨；4 号刨，用于刨光和最后的倒角；台钳、夹钳和板条，用来固定面板；铅笔，用来画线（加工后画线不会残留在木料表面）；刮刀，用于最后的修整。操作前，先把刨刃研磨锋利，并润滑底座。

2

使用组合角尺在木板四周距离边缘 1½ in（38.1 mm）处做标记。

3

用组合角尺的刀片充当直尺，在木板正面画出倒角范围的定位线。

4

使用划线规贴靠木板背面环绕木板边缘和端面画线。这是倒角的厚度线。我用夸张的方式标明了沿长纹理方向的木材纹理走向。

5

用台钳夹紧部件，用凿子凿切部件的 4 个边角。这步粗加工是为了快速去料至画线附近，同时避免横向于纹理刨削端面时出现撕裂。

6

用夹钳和板条把部件固定在台面上。用 5 号粗刨深度刨削。适当倾斜刨身刨削端面的直角区域，再横向刨削得到大致的斜面。

7

继续刨削到接近顶面和边缘的画线处，注意预留加工余量，方便后续做修正。除了与木材纹理成一定角度斜向刨削外，还可以与斜面成一定角度或者直接沿斜面坡度刨削，后者在有目的地刨削高点时尤其有用。可以尝试以不同角度、从不同方向刨削，看看效果如何。

8

最后用 4 号刨刨光斜面。开始时做深度刨削。尝试不同的倾斜角度，找到刨削效果最佳的角度，才能刨削出平整光滑的表面。有针对性地刨平高点。随着刨削接近画线，改为浅刨削，以全长的笔画，专注于保持斜面的角度和整体的一致性。最后刨削到画线处将画线去除。

9

参照框架凹槽的尺寸，在一块小木块的边缘开凹槽，制成"鱼嘴"检验器，用来检查凸嵌板边缘与凹槽的匹配情况。制作检验器最简单的方法是，使用长一些的木料制作框架部件，然后切掉多余的部分用作检验器。首先要保证嵌板正面看起来美观。如果需要，嵌板边缘薄一点也没关系，因为它们最终会插入凹槽中。

10

调整木板方向，刨削第一个顺纹理方向的斜面。重复上述操作，先粗刨，再细刨。顺纹理刨削相对容易，刨削速度很快。虽然适当倾斜刨身有助于提高效率，但一般没有必要。

11

操作的难点在于如何确保斜面交汇的棱线笔直清晰，同时能够严格按照正面和边缘的画线刨削。多个面需要在多个方向彼此吻合。可能需要在斜面的上部或下部轻轻刨削进行精修，也可能需要额外刨削几次，以增加斜面宽度，使其与相邻斜面正常交汇。这个过程涉及很多视觉几何知识的运用，一不小心可能前功尽弃。

12

最后一个面纹理情况复杂，如果仍把木板平放在台面上固定，刨削有些麻烦。第一种解决方法是逆向刨削；另一种解决方案是，把木板固定在台钳中，待刨削的侧面朝上，从侧面向顶面刨削，而不是从顶面向侧面刨削。先用 5 号刨粗刨。

13

最后用 4 号刨收尾。如果纹理走向复杂，可以考虑把台钳中的部件倾斜一个角度重新固定，再刨削。

14 因为枕头式凸嵌板没有局部的弧度变化，可以用刮刀轻松完成最后的修整。

15 倾斜刮刀，使其与边缘成一定角度，刮削斜向纹理的表面。

16 也可以把木板固定在台面上刮削。

17 清除顶面残留的铅笔画线。

18 完成凸嵌板制作，相邻面之间的棱线平直清晰。

制作复合斜面凸嵌板

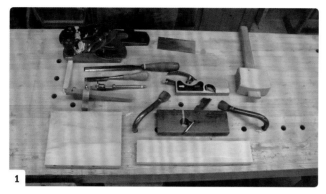

1

2

制作复合斜面凸嵌板与制作枕头式凸嵌板的工具大体相同，只是用刀片划线规代替了组合角尺。此外，处理靠近中间凸面的边缘部分，需要用到匠凿、肩刨或斜槽刨等工具。右下方的板条可以充当靠山，它的基准边可以为其他工具提供引导。

把划线规设置为 1½ in（38.1 mm），在木板顶面环绕木板四周画线，这条线其实是斜面的肩部线。来回划切几次以加深画线。如果木料较硬，画线很难达到预期深度，可以用锯片小心地锯切加深。

3

4

将轮式划线规设置为 ¼ in（6.4 mm）。保持划线规的靠山紧贴木板背面，在边缘画线。

用凿子凿切 4 个边角。

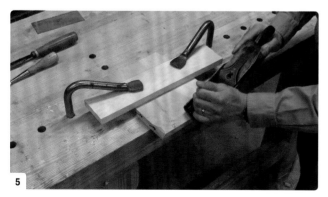

5

6

用 5 号粗刨刨削靠近端面的斜面。与大面上的画线保持一定距离刨削。缓冲区域后续会刨削除去，从而在中间形成凸面。

用划线刀横向于纹理在缓冲区域画线。先行切断木纤维有利于后续的刨削。

7

必要时用划线规把肩线加深。

8

从近端出发，用匠凿水平切削缓冲区域，注意不要切削到凸起部位。中间部位凸起是显眼的特征，这里的任何缺陷都会很扎眼。

9

一直切削到另一端，但不要切削末端，避免撕裂木料。一只手推凿柄，另一只手的大拇指按住凿身前端，小心控制切削的方向和力度。

10

从另一端重新起始，向中间继续切削。用手指按在凿身前端控制切削的方向和力度。来回切削，逐层削薄缓冲区。如果切削深度超过了画线深度，可以用划线规刀片沿画线清理。

11

横向刨削，如果需要刨削清除的废料很多，可以先用 5 号粗刨刨削，再用长刨刨光。沿凸起区域边缘刨削时务必小心，避免损坏凸起部分。因为手工刨无法刨削到凸起区域的边缘，所以靠近边缘的部分需要单独处理。

12

用匠凿环绕凸起区域的边缘轻轻切削，注意每条边都要从两侧向中间切削。

13

上述操作会在斜面上形成脊状突起，可以用细刨刨光。就这样，交替使用凿子与细刨，把凸起区域边缘到木板外缘的斜面处理平整。

14

对于顺纹理方向的斜面，先用 5 号刨刨削。

15

用匠凿切削凸起区域边缘。顺纹理方向的边缘比较脆弱，在凿子的刃角切入木料时务必小心。只要通过第一轮切削形成初始的肩部，后续的切削就容易了。

16

换到木板另一端继续切削。此时是逆纹理切削，要小心下凿，不要贪多冒进。

17

交替使用细刨和匠凿，反复刨削和切削，清除形成的脊状突起，使相邻斜面顺利交汇形成清晰的棱线。

18

用刮刀处理表面，消除残留的凸起部分。使用刮刀不受方向限制，顺纹理、逆纹理均可。最后，用刮刀边缘轻轻刮削肩部。

制作凸嵌板的其他方法

用凿子切削凸嵌板的肩部区域很难控制得好。为了方便操作，在完成端面斜面的粗刨之后，可以在嵌板顶面固定一块边缘平整的木条与画线对齐，充当靠山，引导斜槽刨快速刨削肩部。靠山可以防止斜槽刨刨削到凸起区域的边缘，手工刨的底座可以确保刨削均匀。可以先用划线刀切断一些木纤维，这样刨削起来更省力。

肩刨也是不错的选择，只是形成的刨花很薄，速度上慢一些。无论是斜槽刨还是肩刨，其刨刀都与刨身等宽，因此可以深入肩部刨削。

两种手工刨刨削后也会在斜面形成脊状凸起，同样用 4 号细刨刨平。

用肩刨和细刨交替刨削。因为肩刨形成的刨花更为轻薄，所以肩刨比斜槽刨的刨削效果更好。

用同样的方式处理长纹理边缘的斜面。先用 5 号刨粗刨，然后用肩刨或斜槽刨与 4 号刨交替刨削。这个靠山恰好居中，因此不用换方向就可以刨削两侧斜面。如果需要从两个方向刨削两侧边缘的斜面，可以把部件边缘朝上固定在台钳中。

如果肩部未紧贴凸起区域边缘，可以将肩刨或斜槽刨侧立，贴靠凸起区域的边缘精确刨削其侧面。小心刨削，以免撕裂木料。

将刮刀横向放置在最顶端，自上而下刮削端面斜面。

另一种高效的方法是使用斜刃短刨，包括靠山在左侧和右侧的版本。这种短刨的刨刀足够宽，可以刨削整个斜面，刨身侧面的靠山可以紧贴木板边缘以控制刨削宽度。刨底的裂口可以横向切断木纤维。侧面的靠山可以拆卸，刨刃可以直接进入肩部。斜口刨刀的刃口斜面朝上，以低角度固定。斜向安装的斜刃顺纹理、垂直于纹理以及端面刨削的效果都很好。斜刃短刨性能好，其作用与开槽专用刨相同，同时更为通用，可以用于其他操作。短刨的靠山有左右两种版本，方便处理两个长纹理面的斜面。

用斜刃短刨粗略倒角的过程与其他方法并无不同。也可以用斜刃短刨完成所有操作，其快速高效令人惊叹。根据倒角宽度和斜面角度设置靠山。保持靠山紧贴端面，刨身倾斜与斜面的角度一致，横向于纹理刨削。靠山开有螺丝孔，可以安装斜向靠山，用来设置刨身的倾斜角度与斜面角度保持一致。

刨削长纹理侧的斜面。图中展示的是右手版的斜刃短刨，靠山位于刨身左侧。

刨削木板另一个长纹理侧的斜面。将木板边缘朝上固定在台钳中。这里是左手版的斜刃短刨，其靠山位于右侧。

这种方法主要用来把部件固定在木工桌上，刨削其另一个长纹理侧的斜面。在刨削台下面垫上边角料抬高部件，使短刨的靠山不会碰到木工桌台面。当然，这种固定方式同样适合刨削横向纹理的斜面。

第4章

简单的接合

木材纹理和强度

　　纹理方向是决定木料强度和接合强度的重要特征之一。优秀的木匠会在制作接合件时考虑这些因素，从而制作出可以使用数百年的精品家具。接合件制作粗劣的家具，几年就会散架。

图中的两块松木板大小相同，且来自同一块木板。后面的木板，木材纹理沿木板长度方向分布，称为"长纹理"；前面的木板，木材纹理沿木板的宽度方向分布，称为"短纹理"。

短纹理木板的强度很低，非常容易断裂，不能承力，也不能提供结构强度，用手轻轻一掰就能掰成两半。

长纹理的木板非常坚固，承力性能好，并能提供结构强度。在用木槌敲击时，垫高的木板会弹起并留下凹痕。当然，用楔子沿纹理方向楔入的话，木料很容易裂开。

长纹理边缘的胶合拼接强度很高，只要把边缘刨平刨光，拼板的强度没有任何问题。使用现代胶水做黏合剂，胶合区域的强度甚至比木材本身还要高。拼板是用窄木板制作宽板的常用方法。

长纹理大面的胶合强度也非常高。当然，大面同样需要首先刨平刨光，这也是制作厚的多层板常用的方法。大面的木纤维在胶水的作用下会沿长度方向黏合在一起。

纹理彼此垂直的两个大面或两个边缘的胶合很脆弱，因为胶水无法沿木纤维的长度方向发挥作用。

端面与边缘的胶合强度很低，因为胶水只能分布在端面纤维表面，无法渗入内部，所以无法在端面和边缘之间有效地发挥作用。

端面与端面的胶合同样很脆弱。

部件与部件在端面的接合，包括成一定角度的接合，需要依靠榫卯这样的结构来增加强度。榫头与榫眼匹配，再用胶水或销钉辅助加固，可以形成牢固的接合。

基于纹理走向的形变是木材的显著特征。木材像海绵一样，可以反复地吸收和释放水分，导致木材沿纹理的宽度方向膨胀和收缩，即使是放置几十年的旧木料也是如此。木材沿纹理的长度方向不会伸缩。不同木材的形变程度存在差异，对于同一种木材，形变的幅度与木材的宽度成正比。例如，如果木板的最大膨胀和收缩率均为 5%，那么图中左边的窄木板与右边的宽木板相比，其宽度方向的绝对形变量要小得多。

凿子的使用

凿子是一种用途广泛的细木工工具，其用途还有待进一步发掘。很多专用工具只是凿子形形色色的替代品，通常只是为了方便操作。手工刨是最明显的例子，刨刀就像一把又薄又宽的凿子，刨身的作用只是固定刨刀，方便操作过程的控制。换句话说，即便没有专用工具，只用凿子同样可以完成操作。

操作不同，使用的凿子也不尽相同。凿子类型众多，宽度、形状各异，凿柄也多种多样。比如，榫眼凿属于重型凿，需要配合木槌的敲击完成操作。再比如匠凿，就是专门为精巧、精细的操作设计的，用手即可驾驭。

台凿综合了各种凿子的特点，用途最为广泛。从精细切削到重型凿切，台凿都可以胜任。台凿的手柄结实，可以用木槌敲击。

练习使用不同类型的凿子，注意哪些凿子需要使用木槌配合操作，哪些凿子不需要木槌。练习不同的操作方式，比如横向于纹理凿切、劈凿、切削，刃口朝上凿切与刃口朝下凿切、轻度切削与重型凿切等。通过这种方式，了解凿子在处理不同硬度的木材时的异同。

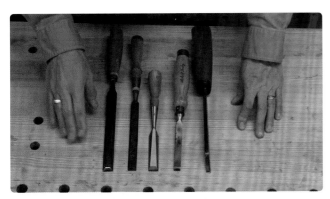

从轻巧的匠凿到凿切榫眼的重型榫眼凿，常见的各种凿子都在这里。从左向右分别是：老式匠凿、老式套箍木柄台凿、新式套箍木柄台凿、新式窗框榫眼凿和老式椭圆柄斜刃榫眼凿。

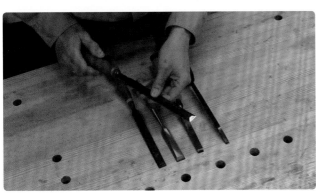

老式匠凿的刃口斜面角度为20°~25°，凿身长而薄，适合精细操作。凿柄细长，柄脚纤细，不适合用木槌敲击，只能依靠手腕力量切削。

老式套箍木柄台凿，凿身长，且比匠凿厚，刃口斜面通常为30°，用于普通的木工操作。凿柄末端的套箍使凿柄可以承受木槌的敲击，皮革垫圈的缓冲能力可防止凿柄碎裂。

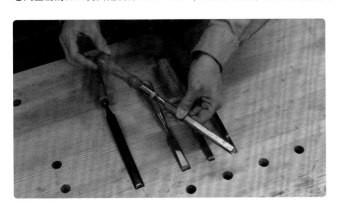

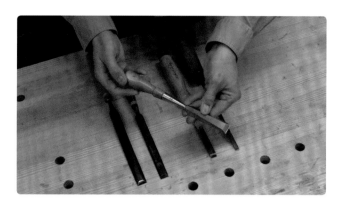

新式套箍木柄台凿与老式套箍木柄台凿外形相似，只是凿身更短。这类凿子的凿身两侧呈斜面，适合深入接合件的内部操作，比如燕尾榫的内部。也有一些凿子，其凿身两侧没有斜面，被称为方边凿。

新式窗框榫眼凿，其刃口斜面角度为30°~35°，颈部很细。这是一种轻型凿，比椭圆柄斜刃榫眼凿更轻，也被称为窗框榫眼凿。

老式椭圆柄斜刃榫眼凿看起来很像凶器，因此被称为"杀猪刀"。这种凿子可以承受猛烈撞击，可以快速去除废木料。凿子的刃口斜面角度为30°~35°。凿身横截面略呈梯形，正面略窄，这样凿切时其侧面不会轻易卡在榫眼槽的侧壁上。

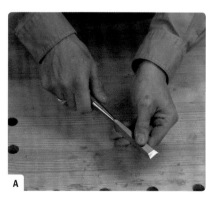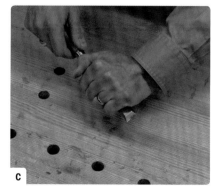

使用凿子时，双手操作最为安全。一手握持凿柄，另一手的手指放在凿身某处提供支撑和引导。不要把手放在刃口前方或切削路径上，也不要将身体的任何部位置于凿子的切削路径，以及任何因为打滑可能出现的位置上。前方的手通常为凿子提供引导。（A）掌心朝上握凿。（B）手指更靠近刃口，以控制凿切深度。（C）掌心朝下握凿，凿刃朝上或朝下均可。无论如何握凿，双手都要位于凿刃后面。

  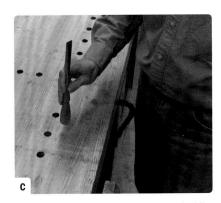

经过多次敲击后，凿柄会损坏，需要更换。（A）拆卸凿柄时，需要把凿子平放在木工桌台面上，边转动凿子边敲击凿柄。（B）凿柄松动脱落。（C）将柄脚插入新的凿柄中，然后保持凿身倒立，用凿柄轻敲台面，直至凿柄装牢。不能用胶水胶合凿柄。

悬挂凿子也有讲究。为了防止凿身从凿柄中松脱，应该用金属套箍的颈部，而非凿柄，插入卡槽中。如果凿柄出现松动，应该先把它敲击紧固。很多凿子通过皮革环或金属箍来加固凿柄。

凿子的一般用法

用凿子倒角，可以用手指引导凿子，适当倾斜凿身进行精细切削。这与用手工刨刨平木板边缘的操作很相似。（A）先初步切削棱角。（B）形成一个小平面后，用凿子的背面贴靠平面切削，形成卷曲的刨花。通过控制凿子的倾斜角度控制切削的深浅。

把棱角切削成平面或凸圆轮廓。左手掌心朝下握紧凿身，右手握住凿柄，提供推动力。（A）先初步切削棱角形成一个小平面。（B）抬高凿子手柄，以一定角度向下凿切。（C）转动凿子，斜向切削，为新形成的棱角倒角。为了快速去除废木料，可以交替倒角和切削平面。

使用凿子时的身体力学与使用手工刨时类似，身体前倾，上半身和双腿同步发力，用手引导凿切。手臂的动作幅度应控制在很小的范围。

凿切会产生各种各样的刨花和木片。可以用软木和硬木做练习，体会不同阻力下凿切和控制凿子的感觉。

刃口斜面朝上便于深凿。刃口斜面朝下，便于控制凿切深浅。（A）刃口斜面朝上，凿子会快速向下切入。（B）刃口斜面朝下，可以通过降低凿柄抬高刃口，减少凿切深度，以便撬起废木料。

保持凿子刃口斜面朝上，挖出凹陷部分的废木料。（A）先抬高凿柄向下凿切。（B）随着刃口切入木料，降低凿柄将废木料撬起。

刃口横向于纹理凿切时应顺坡下切。（A）顺纹理，从左边向下凿切到最低点。（B）逆纹理方向，换到右边向下凿切，与左边的凿切线汇合。两个方向交替凿切去料，直到形成整个凹面。小心操作，不要试图一次凿切过深，否则木料很可能会沿纹理方向撕裂，超出控制。

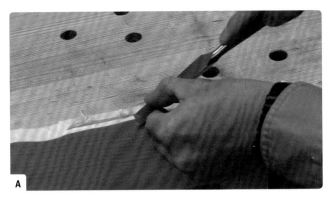 

可以刃口斜面朝上或朝下，交替进行细凿和粗凿。（A）刃口斜面朝下，深度凿切去料，粗切出一条新棱。（B）刃口斜面朝上，手指捏住凿子末端，凿子背面平贴木料表面，凿身倾斜，修整扇形边缘，将其整平。

凿子横向于纹理凿切的效果也不错。倾斜凿身，用手指引导凿子侧向凿切。与短刨刨削边缘一样，也可以用凿子凿切边缘。凿切时必须顺纹理方向。

另一个横向于纹理凿切的例子是沿画线和锯切线凿切横向槽。（A）首先刃口斜面朝上，横向于纹理切削。（B）然后刃口斜面朝下，做深度凿切，并撬起木料。或者，如果横向槽很长，无法以刃口斜面朝上的方式切削，可以直接这样凿切。

搭配木槌凿切

凿切厚重木料或横向于纹理凿切，需要更多的力量，这时候可以借助木槌操作。此外，木槌能够提供精准的施力，以反复敲击的方式提供可控的冲击。

通过改变凿切的角度以及木槌的敲打力度，粗切出凸面的轮廓。

对于刃口斜面朝下凿切凹面这类操作，木槌的作用更大。（A）用木槌轻敲凿子，从凹面的一侧向中间凿切去料。（B）换到另一侧重复相同的操作，使两次操作在中间连通。简单的平凿也可以凿切出凸面或凹面。

横向于纹理凿切是常见的操作。凿子的刃口斜面楔入木料内部后会撬起木料。可以用软木和硬木做练习以提高凿切技能。

首先，用木槌敲击凿子，去除大部分废木料，随后放下木槌，手握凿子横向于纹理切削，细致清理切面。用一只手引导凿子，另一只手则握住凿柄，借助上半身的重量下压凿子。操作凿子和操作手工刨一样，需要全身协同发力。

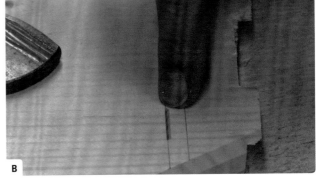

刃口斜面的楔入作用会使凿子后移偏离铅笔画线。（A）把凿子刃口横向于纹理精确地放在画线上，然后用木槌用力敲打。（B）观察凿切结果，你会发现，切口的外沿稍稍越过了画线。

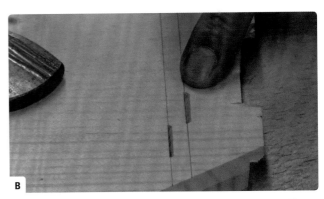

划线刀的划刻线也存在同样的问题。（A）把凿子刃口横向于纹理精确地放在刻线上，然后用力敲打凿子。（B）切口的边沿同样越过了刻线。这样的切割在细木工制作中会形成明显的间隙。

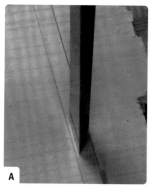 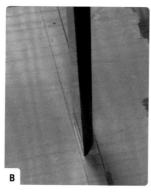 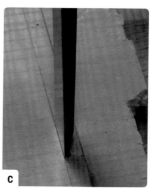 

正确的做法是，先在靠近画线的位置切断木纤维，减少刃口斜面切入后挤压刃口的木料，最后再对准画线精修。（A）把凿子刃口放在稍微离开画线的位置。（B）用力敲打凿子。（C）将凿子刃口放在画线处，用木槌轻敲或只借助手部力量向下切削。（D）形成外沿与画线精确重合的切口。因为挤压刃口斜面的木料很少，所以刃口不但不会被向外推，反而可以把切削的木片推向断口处。

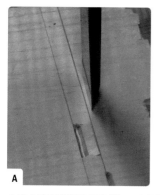 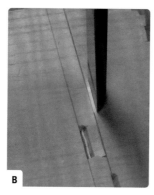 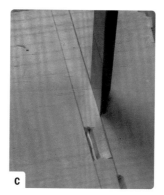 

上述方法同样适用于划线刀形成的刻线。（A）将凿子刃口放在稍微离开画线的位置。（B）用力敲打凿子。（C）将凿子刃口对准画线，用木槌轻敲或只借助手部力量向下切削。（D）形成边沿与画线精确重合的切口。

  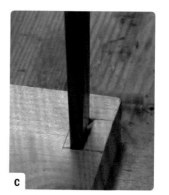 

可以扩展上述策略，先逐步去除大部分的废木料，再通过精细的切削完成修整。（A）先在稍微离开画线的位置垂直下凿切断木纤维。（B）稍微倾斜凿子，在断口稍向后的位置凿切，并去除木屑，形成一个切口。（C）沿切口处深凿。（D）去除木屑。重复上述步骤，凿除所有废木料。

108

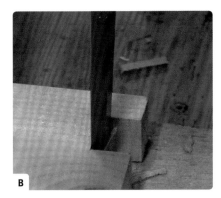

切削修整。（A）先切削到厚度的一半处。（B）沿画线精确切削掉剩余的一半厚度。（C）完成切削。

在凿切榫眼或开浅槽时，可以做一系列横向于纹理的凿切。（A）刃口斜面朝前，切入木料时，凿子和木材会受力后移，以这种方向凿切，凿子容易深入木料。（B）刃口斜面朝后，切入木料时，楔入作用不明显，木屑没有明显移动，凿切也不会很深。因此，这种方式适合浅切削。

顺纹理凿切的结果立竿见影。（A）敲打凿子，凿子会马上深入木料内部。（B）在下凿位置附近继续凿切，可以凿下大块木料。

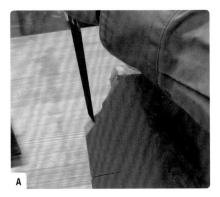

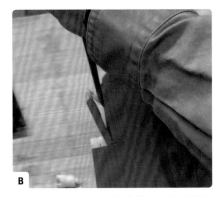

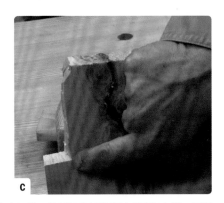

意外出现的开裂会毁掉整个部件，可控的开裂则可以实现快速去料。（A）先横向于纹理制作一条止切线，然后远离画线顺纹理凿切去料，了解顺纹理方向木料裂开的情形。（B）继续凿切，每次去除一块废木料，逐渐减少去料量，越接近画线，凿切量越小。（C）凿切后的表面很粗糙。

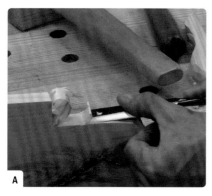 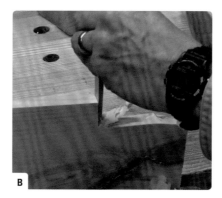 

（A）切削表面，修整切口，要轻轻切削，不能切入太深。（B）凿切去除边角的废木料。（C）修整后的切口表面光滑、平直、方正、精确。

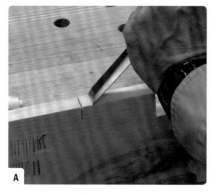 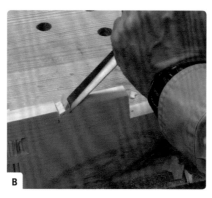 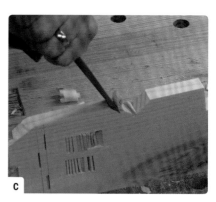

可以设置止切线来限制木料的开裂长度。（A）横向于纹理制作止切线，切缝的深度对应切口的深度。（B）从右边起始凿切，木屑在止切线处脱落。（C）从左边凿切完成切口制作。刃口斜面朝上适合直线凿切，刃口斜面朝下适合曲面凿切。

如果木料是直木纹，也可以使用上述方法凿切出榫颊。（A）首先沿榫肩线切断木纤维形成止切线。（B）第一次下凿，凿切掉一半厚度的废木料，并以这种方式完成整个宽度的凿切。（C）凿切掉剩下的一半厚度。（D）小心切削，完成最后的去料。

 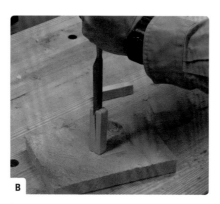 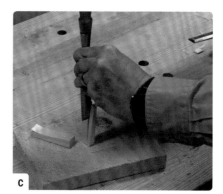

长纹理木销的强度很高。（A）将直纹木块顺纹理劈裂成小木块。（B）继续沿厚度方向顺纹理劈裂小木块，露出木销的侧面纹理。（C）继续劈裂。

将木销固定在木工桌挡头木上，用凿子将木销一端削尖。木销可以是方形截面的，也可以使用圆木榫板制作成圆柱形。木销适用于各种木材，可以充分利用不同纹理方向的木材强度。

使用匠凿做最后的修整。保持凿子背面平贴待切削面，左手大拇指在上，其他手指在下，控制凿子的前端，右手控制力度小心切削。除了横向于纹理直切和斜切，还可以侧向剪切、水平切削和旋转切削，以提高切削精度。

椭圆柄斜刃榫眼凿，能够承受重击，从而深切入木料内部，厚重的凿身可以撬起大块木料，而不会引起撕裂，这尤其适合用于橡木等密度较大的硬木。

拼板

从结构上讲，拼板是最简单的接合方式，只需把两块木板的长纹理边缘对齐并胶合在一起，不需要借助任何机械构件。这也是唯一一种严格意义上只依靠胶水完成的接合方式，因为现代胶水形成的结合力比木材本身的强度更高。

1

准备两块用于拼板的木板，标记好基准面和基准边。准备接合的配对基准边必须平整、光滑且方正。用箭头标记纹理的方向，配对基准边的纹理上升方向必须一致，这样拼接后的木板才能成为一个整体，可以沿同一个方向刨削。

2

用直角尺检查拼接处是否平整。尽管两块木板都已经刨平，并且其边缘均与大面垂直，但细微的差异和误差也会累加。如图所示，两块木板拼接后略微有些不平整。

3 重新刨削边缘，完成修整，确保拼接区域平整。重新检查表面平整度，有问题应小幅修整，避免矫枉过正。

4 先干接检查接合情况。确保两块木板的配对边缘紧密贴合，没有缝隙，这样才能获得牢固的胶合效果。

5 将两块木板贴紧，面对光源，观察是否有光线透过，以检查是否存在缝隙。

6 三角形是木匠常用的标记符号。用三角形标记木板，方便确定木板的位置关系。三角形横跨接缝，顶角指向顶部或前缘，这样如果需要分开木板，之后也能很快拼接如初。

7 在刷涂胶水之前，先布置木工夹，设置好间距和开口尺寸。将木板直立，胶合面朝上，放在木工夹的开口上。在每个胶合面滴落连成串的胶水，然后把胶水均匀涂布开。放平木板，摩擦接合配对胶合面，确保胶合面接触良好，两块木板准确对齐。

8 拧紧木工夹，检查拼板表面的平整度，确保木板没有出现弯曲和错位，拼缝处应该有少量胶水被均匀挤压出来。不要把木工夹拧得太紧，以免大量胶水被挤出造成胶合面缺胶。木工夹应稳固、均衡地夹持木板。至于表面残留的胶水，有人喜欢用湿布或海绵马上清理干净，有人喜欢胶水部分凝固后再将其清除，还有人会等到胶水完全凝固干结后，再将其刮掉。

9

待残留胶水完全凝固后，用卡片刮刀将其清除。

10

刨平木板。

11

刨平后的宽板表面平整光滑，接缝处严丝合缝。

我之前说过，胶合后的接缝区域比木材本身的强度更高。可以做个小测试加以验证：将宽板两端垫高，在木板上放置 90 lb（40.8 kg）的重物，虽然木板被压弯，但是接缝区域没有变化。

并排刨削

1

将两块木板并排，同时刨削配对边缘，然后进行拼板，也可以获得平整的宽板。用台钳把两块木板并排夹紧，配对边缘朝上并对齐，同时刨平。在这种方法中，刨平后的边缘是否方正影响不大，刨削过程连贯如一才是关键。

2

配对边缘不必是方正的，因为两个边缘的角度是互补的，偏差会相互抵消。

3

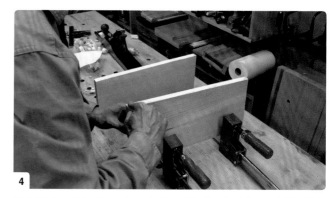

4

拧松台钳，保持两块木板立起并拼接在一起。用直角尺检验，新的大面非常平整。这是因为，两块木板边缘的角度是互补的，即使两个边缘与各自大面的角度都不是 90°，两者拼接后的最终角度也是 180°（这种方法的优点）。

胶合的方法与前面相同。唯一需要注意的是，在用木工夹夹紧两块木板的时候，两块板不能彼此滑动错位（这种方法的缺点）。待胶水完全凝固后，刮除胶水，刨平大面，刨削方法如前所述。

胶合的宽板需要考虑季节性的木材形变问题。我已经在木板端面明显标示了年轮的走向，并在大面上标记了刨削方向。图中的 3 块木板是按照端面年轮的走向（向上弯曲或向下弯曲）交替排列的。如果所有木板按照相同的年轮走向排列，由于每块木板的形变方向相同，累加之后，整块木板很容易出现明显的瓦形形变。交替排列木板，木板的形变可以有效地抵消，宽板整体仍能保持平整。确定拼接木板的方向后，跨接缝做好标记，方便胶合时按顺序匹配。

弹性接合

1

2

两块长而窄的木板拼板，胶合后两端出现缝隙或开口，是常见的问题。弹性接合——接合面两端高、中间略低的接合方式，可以解决这个问题。把直尺放在木板边缘前后转动，与尺子发生摩擦的位置为高点。如果边缘的中间区域发生摩擦，表明中间存在高点；如果两端出现摩擦，说明边缘的中间区域整体下凹。中间隆起的两块木板胶合在一起，两端会产生缝隙。弹性接合是使用中间略凹的木板拼板，用木工夹夹紧木板后，木板侧向弯曲，以弥补中间的凹陷，使两块板紧密贴合在一起。

从木板一端距离末端 1~2 in（25.4~50.8 mm）的位置开始，到木板另一端距离末端 1~2 in（25.4~50.8 mm）的位置终止，来回刨削一两次。用直尺和配对木板检查木板边缘，确保刨削区域没有高点。

3

将两块木板沿边缘对齐拼接在一起，此时只有边缘的两端区域能够紧密贴合。

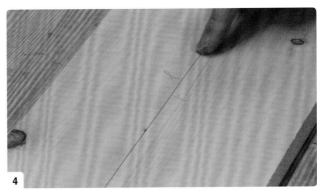

4

拼缝的中间区域留有细小的间隙。

5

干接木板检验效果。在距离木板两端 1/3 的位置分别用木工夹夹紧配对木板，有时也可以只用一个木工夹夹在木板的中间位置。

6

拧紧夹具，检查接缝是否能够紧密闭合。

7

拆下木工夹，准备刷涂胶水。先在配对边缘分别滴下一串胶水滴，然后把胶水分散均匀。

8

再次安装木工夹并拧紧，确保配对木板的接合区域彼此对齐且整体平整。沿拼板的长度方向检查整个拼缝是否完全闭合，胶水是否被均匀挤出。

9

清理残留在木工桌台面上的胶水。残留的胶水会损坏刚刨好的木板表面，必须清除。在残胶上面撒些锯末，吸收胶水中的水分，让胶水干燥约 1 分钟，再用卡片刮刀轻轻刮掉残胶。

10

待胶水完全凝固，用刮刀刮平两个大面。

11

用长刨刨平两个大面。

12

用细刨刨光大面。

13

最后得到沿整个长度方向无缝的、大面平整光滑的宽板。

对拼拼板

另一种拼板方式很像打开的书页，左右两块木板的纹理相对于拼缝成轴对称，被称为对拼。对拼的木板适合制作薄面板，常用于乐器或盒子的制作。对拼能够充分利用木板的纹理，形成漂亮的图案，因此也常用于制作装饰板。

通过旋切木材可以得到对拼所需的薄板。木材可以是整根原木，也可以是四开切的一块木材；整根原木的旋切效率较高。与普通的对拼相比，两块纹理相同的旋切薄板是并排滑动拼接，而不是翻转其中一块拼接的。

1
取一块木板，刨平两个大面，然后将其片切成两块薄木板。把两块薄木板分开，根据希望获得的纹理图案效果，确定配对边缘。利用长刨削台并排刨削配对边缘，因此末端挡块不需要与刨削台的正面精确垂直。刨削得到精确配对的平整边缘，拼接后可以形成平整的大面。

2
把两块薄木板叠放在一起，片切之前的两个外表面接触，就像把一本翻开的书重新合上那样。把配对的两块薄木板放在刨削台上，其端面紧贴靠山，待刨削的配对边缘稍稍悬空，伸出刨削台边缘之外。在此之前，片切后的大面已经刨平，所以两块薄木板可以平稳地放在刨削台上。注意，片切后的薄木板在刨平大面时，要留出加工余量，因为拼板后还需要刨削大面。

3
用蜂蜡、膏蜡或蜡烛润滑刨底和刨身侧面。

4
把两块薄木板沿配对边缘叠放在一起，并排刨平边缘。因为刨底与刨身侧面精确垂直，所以刨削出来的边缘也是方正平直的。当然，即使配对边缘不够平直也没有关系，因为两个配对边缘的角度是互补的，接合后会严丝合缝。

5
保持刨身平稳，沿配对边缘全长刨削，以获得光滑、连贯的刨削面。因为刨削是沿长纹理方向的，所以刨削阻力很小，刨削很容易。最后以一次精确的浅刨削收尾，形成的刨花应该非常轻薄。

6
像翻书一样打开两块叠在一起的薄木板，原来露在外面的大面朝下。沿配对边缘对齐薄木板，检查接缝。如果接缝处有间隙，则可能是刨削过程中手工刨晃动造成的。出现这种情况的话，可以把两块薄木板叠放起来重新刨平配对边缘。

7

再次检查接合效果。把干接的拼板拿起来，对着光源，沿接缝仔细检查。整条接缝没有光线透过，说明接合良好。

8

准备好木工夹，像正常拼板那样刷涂胶水。

9

小心拧紧木工夹，防止接缝区域出现弓弯或错位，确保沿整个拼缝施力均匀。

10

在胶水凝固过程中，在木板上面压上一些重物。片切后新形成的大面，内部木材暴露出来，因为内部的含水量与原来的表面略有不同，所以干燥时的速度差异可能导致木板出现瓦形形变。对于刚片切出来的薄木板，应放置一两天再使用，使其含水量与环境湿度取得平衡。

11

在胶水完全凝固变硬之前，用刮刀清除橡胶态的胶水。这样可以减少干胶剥落造成的表面撕裂。对于薄木板，预留的加工余量并不多，所以务必小心清理，直到胶水完全凝固，然后用手工刨刨平和刨光两个大面。对拼的两块薄木板在接缝处的纹理方向是相反的，因此必须从相反的方向分别刨削每一半大面。最后，用刮刀修整接缝区域，因为刮刀适合任何纹理方向。

12

对拼的木板，接缝严丝合缝，纹理图案对称分布。对拼需要一开始就考虑好最终的纹理效果，以确定配对边缘，最终才能得到引人注目的图案。

水桶接合

　　水桶接合是把多块木板沿边缘以一定角度拼接起来，形成曲面的接合方式。形成光滑的曲面还需要刨削和刮削接缝区域。这种接合方式可以用于制作凹面、凸面以及波浪面。

1

绘制整个曲面的全尺寸图纸，将其划分为若干小段。每个平整部件的尺寸及其边缘的角度需要据此确定。这些木板可以形成近似曲面的轮廓，每个接缝会等分对应的角度。需要切割一系列足够宽的小木板，用来拼板。

2

把 7 号长刨刨底朝上用台钳固定。刨削时，手工刨不动，将木料推过刨刀。必须留意外露的刨刀刃口，不要让推料的手指碰到刃口。

3

以一定角度倾斜部件，反复回拉部件刨削其边缘，使边缘成一定角度。

4

对照图纸及时检查部件的刨削情况，调整刨削角度。平整方正的边缘可以为后续操作提供参考。整个操作过程全靠眼睛判断，非常考验个人能力。

5

也可以前推木板刨削。无论采用哪种方式，每块木板的两个边缘都要加工。

6

将部件立起，对照图纸，用最后一块木板检查其他木板。

7 用蓝色胶带从外表面把刚完成刨削的木板连接到之前的木板上。待所有部件边对边拼接在一起，用胶带横向拉紧组件。

8 完成剩余部件的拼接。如果某块木板太窄，可以把邻近的木板做得稍宽一些进行补偿。最后的刨削会使弧面更为圆润。

9 所有部件的纹理同方向排列，方便后续以相同的方向刨削所有接缝区域。用两条胶带横向拉紧所有部件。

10 在所有配对边缘刷涂胶水，方法和之前一样。对于简单的形状，这里只需要木工夹，部件会在胶带的帮助下形成正确的曲面。对于复杂的形状，则需要借助辅助支撑工具排列木板，有时还需要先分段胶合，再组装成整体。

11 小心拧紧夹具，确保所有拼缝紧密闭合，胶带没有松散。

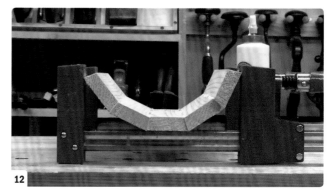

12 检查接缝靠近末端的闭合情况。接缝的紧密闭合是优先事项，即使曲面的形状稍微偏离预期，只要问题不太严重，都可以通过刨削改善。

13

因为曲面内侧的残胶很难清除，所以应在胶水凝固变硬之前将其清理干净。

14

夹紧拼板还有一种方法，就是用胶带或绳索环绕拼板缠绕。这样方便处理组件，并使所有接缝受力均匀。

15

胶水凝固后，检查接缝内外。如图所示，内侧的接缝闭合紧密，外侧的接缝则存在明显的间隙。这可能是因为木工夹拧得太紧，导致接缝内侧受力偏大，外侧受力偏小。

16

因为是一个凸面组件，可以用鸟刨和短刨修整接缝区域。在木工桌台面上固定这种形状的组件很考验你的智慧。先用圆底成形刨或外刃宽圆口凿清除凹面接缝区域的废木料，再用弧形刮刀将曲面刮削圆润。

17

刨削除去多余木料，修正形状上的微小偏差，使曲面外观圆润。这一步没有需要过多关注的点，刨削去料即可。在端面绘制轮廓线有助于刨削。接缝上的某些间隙也会在刨削过程中被消除。

18

可以根据需要增添木工夹，保证所有接缝受力均匀，且悬空部分得到支撑。与一般做法相同，可以适当倾斜刨身斜向刨削，处理纹理复杂的区域。

19

刨削后，如果还有间隙，可以用胶水和锯末混合制成木填料填充。填充木填料只是为了改善外观，并不能增加接合强度。如果间隙很大，可能导致接合失败，可以沿废木料的边角切取一条细长的木楔制成填充木条。把填充木条胶合到间隙处，以增加接合强度。

20

取一个塑料盖，在上面滴些胶水，撒上一些细木屑，用小木条混合均匀。如果希望上色，可以同时添加一两滴染色剂。先取少量木填料进行测试，待胶水凝固后，看看颜色如何。如果调配不出理想的颜色，可以考虑购买商品木填料。

21

将木填料压入间隙中，然后轻轻擦去多余的木填料。

22

待木填料干燥后，刨平或刮平表面。

23

此时的组件，表面平滑，弧度自然，可以处理端面了。

24

组件的强度非常高，在这个测试中，能够承重 90 lb（40.8 kg）。

企口接合

企口接合是具有简单机械互锁结构的边缘接合方式。凸出的榫舌和榫槽匹配连接。

按照给定的深度、宽度以及与边棱的距离开榫槽。榫舌三个维度的尺寸与榫槽尺寸保持一致，以便匹配。

如果固定尺寸的直槽能够满足需要，那么用槽刨开直槽最合适。

有几种风格不同的专用企口刨，可以在特定厚度的木板上开出固定尺寸的榫舌和榫槽。可以用一组企口刨为一系列厚度相差 ⅛ in（3.2 mm）的木料开槽。如图所示，左边是带固定靠山的金属企口刨，中间是带可旋转靠山的金属企口刨；右边是一对木质企口刨。

（A）固定靠山金属企口刨开槽的一侧。金属靠山贴靠木板侧面滑动，刨刃开出凹槽。（B）固定靠山金属企口刨开榫舌的一侧。金属靠山贴靠木板侧面滑动，带中央缺口的刨刃切除两侧的木料，形成中间的榫舌。

（A）可旋转靠山金属企口刨开槽的一侧。靠山紧靠木板侧面滑动，单刨刃刨削出凹槽。（B）旋转靠山到开榫舌的位置。靠山紧靠木板侧面滑动，双刨刃刨削去料，开出榫舌。

（A）成对木质企口刨中的开槽刨。窄小刨刃开槽，金属滑片在凹槽中滑动。（B）成对木质企口刨中的开榫刨。带中央缺口的刨刃开榫头，刨身底部的凹槽套在榫头上滑动。企口刨是成对的，遗憾的是，大多数人都没有意识到这一点，所以在二手货市场上，你见到的企口刨往往只有一支。

像史丹利 45 号刨这样的多功能刨，既可以用来开榫槽，也可以用来制作榫头，只需根据不同的操作更换刨刀。

固定靠山金属企口刨的使用

1

用固定靠山金属企口刨制作榫舌。榫舌完全成形后，刨刀的中央缺口会触底。刨削过程中，保持靠山紧贴木板侧面，保持刨削线路笔直。刨身的任何倾斜都会影响尺寸的准确性。

2

刨削榫槽。与制作榫舌的方法相同。确保靠山紧贴正确的侧面，榫槽与榫舌才能正确匹配。

3

将配对部件组装到位。可以胶合企口形成一块实心板。也可以在框架－面板结构中使用企口接合，以应对木材的形变，比如箱体背板。当木材收缩形成间隙时，榫舌可以防止部件在接合处脱落。

4

拼板接缝紧密闭合，周边平整。这把企口刨适合刨削厚度为 ⅝ in（15.9 mm）的木板。图中这块木板厚度为 ¾ in（19.1 mm），所以榫舌和榫槽偏离了边缘的中心。

可旋转靠山金属企口刨的使用

1 将可旋转靠山定位在榫舌档，紧贴木板侧面，刨削出榫舌。

2 拉起定位销，将靠山旋转到榫槽档固定。

3 刨削出榫槽。

4 将配对的榫舌部件与榫槽部件接合在一起。

成对木质企口刨的使用

1 用开榫刨制作榫舌。

2 用开槽刨制作配对的榫槽。

3

将榫舌插入榫槽中。

4

对于浮动式安装，可以用短刨为每个部件的边缘倒斜角或倒圆角，这样的细节处理会使接缝看起来不那么突兀。

5

无论接合宽松还是收紧，接缝都很美观。

半边槽

　　半边槽是开在木板边缘或端面的开放式凹槽。制作半边槽的方法很多，最基本的方法需要使用凿子和手锯。其他方法一般需要使用更为专门的工具。

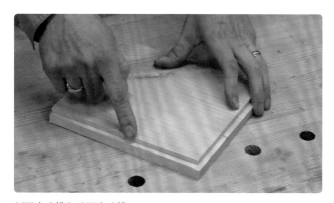

侧面半边槽和端面半边槽。

从左向右分别是：凿子、细木工锯、木质斜槽刨、肩刨、金属斜槽刨、斜口短刨、活动式槽刨。

用凿子在边缘制作半边槽

先用划线规在木板的边缘画深度线，标记出半边槽的深度。

在相邻的大面画宽度线，标记出半边槽的宽度。

凿子刃口斜面朝下，从远端开始，沿宽度线凿切。

去除废木料，形成初始加工面。不要在意底部的痕迹，要专注于凿切出一条干净整齐的肩线。

沿边缘一直向后凿切。凿切深度可以大一些，木屑可以大一些，不需要在意底部的凹凸不平，现在只是粗凿，只要没有越过深度线，后续都可以修整。

从近端开始凿切，凿子背面平贴木料表面。先轻轻凿切，观察木材纹理对凿切的反应，然后根据反馈加大凿切深度。

7

以凿切形成的肩部为引导面，凿子侧面紧靠肩部进行第二轮凿切。

8

如果使用长凿凿切硬木，最好前倾身体，用肩膀顶住凿柄末端，同时用手握住靠近凿刃的区域控制凿切方向，借助上半身的力量凿切。也可以用木槌敲击凿子的方式凿切硬木。无论采用哪种方式，都要保持凿子的刃口斜面朝下，以便控制凿切深度，撬出废木料。

9

分多次凿切，逐渐接近深度线。然后利用凿子背面长而平整的特点，使其平贴在木材表面，刃口斜面朝上，小心切削，不要过线。对于容易切削的木材，可以从两头向中间凿切。

10

对于难以凿切的位置，可以把凿子向外倾斜，沿长度方向逐步切削。必须小心操作，不要让刃口两侧的尖角切入侧壁。

11

以同样的方式修整侧壁，注意木材纹理的变化。整个过程涉及多种动作模式和纹理表面，是在充分考虑木材纹理走向的情况下，采取的最佳操作方式。

12

做最后的修整，左手手指在前面控制凿切方向和力度，右手在后面控制凿柄，辅助用力。

13 沿侧壁和槽底拖动凿子，用刃口把两个表面刮削干净。

用凿子在端面开半边槽

1

在端面开半边槽，首先用划线规在端面标记深度线；然后在相邻大面上标记宽度线。在端面开半边槽面临的困难是：不能像处理长纹理边缘那样凿切端面。解决办法是用手锯横向截料。先用划线刀沿画线划刻，形成一个引导锯切的切口。

2

将横切锯的锯齿放在切口上，向下锯切，直到深度线附近。不要想着一步锯切到位，否则很容易锯切过深。

3

这是真正有趣的环节。凿子刃口斜面朝上，背面平贴木料表面，横向于纹理切削。注意控制切削深度，不要超过一半。继续切削几次，每次都不要超过剩余深度的一半，一直切削到深度线附近。如果凿身太短，不能一直切削到头，可以把凿子适当向外倾斜，以解放凿柄，分段逐步切削；或者在切削过半的时候，掉转部件，从另一侧继续向中间切削。

4

保持凿背平贴木料表面，小心地沿深度线做最后的切削。因为不能准确看到向下切削的深度，所以可能会有一些尚未完全切断的木屑连接在半边槽的转角处，需要在下一步操作中切断和清理。

5 用划线刀沿侧壁切下，切断并清除残留的木屑，得到整齐方正的转角。

6 沿槽底向后拖动凿子，用刃口背面将槽底刮削干净。

用手锯纵切半边槽

1 也可以全程用细木工锯在木板边缘锯切半边槽。先用划线规画出深度线和宽度线。再用划线刀沿宽度线加深刻痕形成引导切口。

2 将锯片前端放入切口的远端，小幅起始锯切。逐渐放低锯片，延伸锯切长度，直到整个锯片都参与锯切。

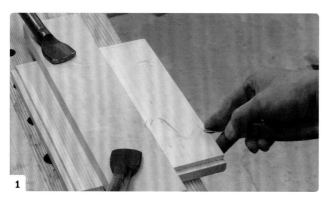

3 持续向后锯切，直到沿整个长度方向形成一道完整的锯缝。小心地推拉锯片来回锯切，直到接近深度线。右手以扳机指的方式握锯控制锯切，左手轻压锯片侧面和锯背，防止锯片摇晃。

4 用划线刀加深边缘的深度线，形成引导切口。

5

以同样的方法锯切。

6

如有必要，再次沿深度线轻轻锯切，以切断废木料。

7

条状的废木料自然脱落。

用手锯横切半边槽

1

在端面锯切半边槽，横切锯和纵切锯都会用到。先用划线规在端面和大面画线，然后用划线刀加深大面的宽度线，形成引导切口。

2

用横切锯横向锯切至深度线附近。

3

用划线刀加深端面的深度线，形成引导切口。

4

用纵切锯向下锯切到宽度线附近。

5

用横切锯小心锯切，直到条状废木料被切断，自然脱落。

使用老式木质斜槽刨在边缘制作半边槽

1

图示为老式木质斜槽刨的刨底。刨刀斜向装在底座上。侧面的切断器是专门为横向刨削设计的，其作用是先于刨刀切断木纤维。

2

这种手工刨不带靠山，也没有限深器，完全依靠手动控制。将手指放在刨底做靠山控制槽宽，靠眼睛判断槽深。

3

右手紧握刨身，左手手指扶住刨身前端，同时抵靠木板边缘，把刨刀边角正对宽度线，从木板远端开始刨削。先做一次小幅的浅刨削，然后刨削范围逐渐向近端延伸，直到沿整个长度方向完成一系列的小幅刨削。小心刨削，这一步操作是确立最初的侧壁和肩部的关键。

4

形成的肩线是后续刨削的基准。

5

紧握刨身，贴紧肩部，从近端开始，完成一系列的全长度刨削。

6

现在可以加快刨削速度了。握紧刨身，使其垂直于木板表面，逐步向下刨削去料，一直刨削到深度线附近，最后小心刨削几次，直到深度线处。

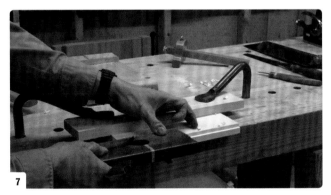

7

如果侧壁需要修整，将刨身侧放，从另一端起始刨削，直到宽度线处。

8

制作完成的边缘半边槽。

用斜槽刨在端面制作半边槽

制作端面半边槽，先轻敲切断器，使其稍稍越过刨底。切断器可以先于刨刀切断木纤维，从而省去了使用横切锯的麻烦。

将切断器对准宽度线，在远端下刨，后拉手工刨以加深切断器的刻痕。然后向前推刨，刨削去料。操作方法与制作边缘半边槽一样。

初步形成肩部后，开始沿端面全长度刨削。向后拉刨，利用切断器切断木纤维；向前推刨，刨削去料。如此交替刨削。切断器在刨身前推时也可以切断木纤维。

制作完成的端面半边槽。

用肩刨在边缘制作半边槽

与槽刨相同，操作肩刨同样需要有手指放在刨底前端做靠山。肩刨的刨刀刃口也是横贯底座的，与槽刨的不同之处在于，肩刨的刨口和刃口都是平直的，垂直于刨身侧面。通常，肩刨刨出的刨花也更为轻薄。

从远端下刨，小幅刨削，然后逐渐向后延伸刨削。压紧刨身前端，确保刨身紧贴肩部。

肩部成形后，开始全长度刨削，直到深度线处。如果侧壁需要修整，将刨身侧放，从另一端起始刨削，直到宽度线处。

边缘半边槽制作完成。

在端面制作半边槽，先沿宽度线横向锯切至深度线附近，然后横向刨削。这个过程与使用凿子凿切类似，不同之处在于，需要刨身紧贴肩部控制刨削范围。

端面半边槽制作完成。

用老式金属槽刨制作半边槽

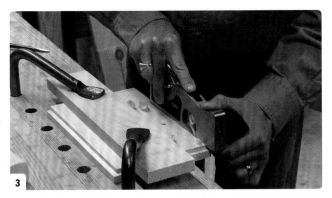

老式金属槽刨的前端是圆鼻结构，适合用来在边角位置开槽。

这种手工刨的常见缺点是：没有靠山，也没有限深器。优点是它自带切断器。

3 可以用夹钳把一块边缘平整的木板沿宽度线固定，充当靠山引导刨削。木质斜槽刨和肩刨都可以采用这种方式。

4 沿靠山交替滑动切断器和刨削。

5 制作完成的边缘半边槽和端面半边槽。

用斜口短刨开半边槽

1 斜口短刨是制作半边槽的理想工具。刨身自带靠山，但是这种靠山调节范围有限，只能制作很窄的半边槽，一般需要与靠山木板配合使用。

2 固定一块边缘平整的木板充当靠山。用斜口短刨刨出的刨花像缎带一样精细漂亮。

3

4

因为自带切断器，斜口短刨在端面制作半边槽的效果很好。

制作完成的边缘半边槽和端面半边槽。

用活动式槽刨在端面开半边槽

1

2

最后介绍的这款槽刨，刨底装有可移动靠山，能够根据所需刨切宽度设置靠山的位置。

这款槽刨还带有切断器和限深器。

3

4

不需要在部件上标记宽度或深度，设置好槽刨的靠山和限深器即可。将靠山紧贴木板边缘全长度推刨，直到黄铜限深器的底部与半边槽底部完全接触。扶正刨身，使其垂直于刨削面刨削。

在端面制作半边槽，靠山和限深器的设置方法如前所述。切断器的使用方法也与木质槽刨相同。回拉刨身，用切断器切断木纤维，前推刨身，完成刨削。

5

制作完成的边缘半边槽和端面半边槽。

更多制作半边槽的技巧

如果木板纹理走向复杂，平放在木工桌上不方便刨平，可以把木板竖起边缘朝上，用台钳固定，将纹理走向调整到便于刨削的位置。木板从平放变为竖立，宽度线和深度线的相对位置也随之改变，要确保刨削设置对应准确。

沿边缘刨削。

在组件的转角区域开半边槽，由于手工刨前端的空间阻碍，即使是圆鼻槽刨也无法刨削到转角根部。这种情况，要尽可能地刨削到靠近直角根部的位置，然后改用凿子凿切，或者用凿刨继续刨削。图中这款肩刨，前端装有可拆卸的鼻部，拆掉鼻部就是凿刨了。

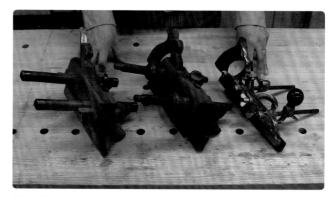

也可以使用宽刃刨刀的犁刨制作半边槽，因为半边槽是一种侧向开放的凹槽，这也为活动式槽刨的靠山和限深器发挥作用提供了便利。

纵向槽

纵向槽是在边缘或大面沿长纹理方向制作的凹槽。

企口接合中的榫槽就是纵向槽，企口刨也可以用来制作其他形式的纵向槽，不过只能在固定位置制作固定宽度的纵向槽。如果你经常制作特定宽度和深度的纵向槽，可以准备一个专用的槽刨。

跟制作半边槽一样，制作纵向槽最基础的方法是使用凿子和手锯。其他制作方法需要使用专门的工具，比如肩刨、犁刨或多功能刨。

如果用凿子制作纵向槽，可以用平槽刨修整凹槽底部，确保纵向槽的深度一致。平槽刨还可以修整半边槽以及其他拼接件。

犁刨有靠山，用来设置刨刃到部件边缘的距离。最简单的犁刨是木质楔臂犁刨，它通过木楔将靠山锁定到位。

刨刃的宽度决定纵向槽的宽度。不同的制造商有各自的编号系统。很多人并不知道，每种型号的手工刨都配备一套刨刀。人们使用手工刨，大多时候只是使用厂家已经装配好的刨刀，其他刨刀往往因为长期未使用而不知所踪。更换刨刀，必须确保刨刀和刨身顶部的插槽匹配。

用木槌敲击刨身后部可以松开木楔和刨刀。由于锥度刨刀与木楔构成一对反向楔，所以，用力敲击刨刀顶部，也可以使刨刀和木楔松开。

不同规格的刨刀，其颈部宽度与特定的纵向槽宽度一致。刨刀背面开有凹槽，用来将刨刀与辙叉（用来支撑刨刀，并防止刨刀左右晃动）对齐。把刨刀滑入插槽，通过其背面的凹槽使刨刀与辙叉对齐，然后插入木楔卡紧刨刀。刨刀刃口的伸出量决定了刨削深度。向前轻敲刨刀，并紧固木楔，可以增加刨刀刃口的伸出量；轻敲刨身后部，并紧固木楔，可以减少刨刀刃口的伸出量。

旋转顶部的黄铜旋钮，设置刨削深度。

螺旋臂犁刨和楔臂犁刨的工作方式相同，不同之处在于，螺旋臂犁刨是通过转动螺母来调整并锁定靠山的。

史丹利 45 号多功能刨是一种功能强大的工具，配有一组刨刀，可用于制作线脚和接合部件。这种工具的设计初衷是用来替代多款木质成形刨，但是多年来，人们对这种多功能刨的评价毁誉参半。每次更换刨刀都需要重新设置，过程十分烦琐，令人生厌。制作不同的线脚使用专用的成形刨，只需来回更换手工刨，不需要重新设置。

（A）这个旋钮用来调整刨刀刃口的伸出量。（B）除了像木质犁刨一样带有可调节的靠山和限深器外，史丹利 45 号刨还带有可调节的辙叉，可以设置刨刀宽度。

用凿子制作纵向槽

1

用凿子制作纵向槽。按照凿子的宽度精确设置榫规的钢针间距。根据纵向槽与部件边缘的距离设置靠山。

2

将榫规靠山紧贴木板基准面滑动，在木板边缘画线。

3

如果没有榫规，也可以用划线规画线。分两次设置钢针与基准面的距离。或者，只设置一个钢针距离，然后从两个大面出发分两次画线。后面的方法可以把纵向槽准确定位在边缘的中间。

4

接下来的操作与使用凿子制作半边槽一样，从远端下凿，凿子刃口斜面向下，小心切削，形成初始的纵向槽。

5

反复凿切以加深纵向槽。用手指支撑并引导凿子沿凹槽平稳凿切。碰到难以凿切的位置，先定点凿切，最后以连贯的浅切削完成操作。

6

为了确保纵向槽深度连贯一致，底面平整光滑，可以用小号平槽刨刨平槽底。设置刨刀做浅刨削。有些平槽刨的刨底带有靠山，可以辅助开槽。从远端下刨，通过向后拉刨，逐渐延伸刨削范围，最后以连贯的全长度刨削结束。推刨刨削和拉刨刨削都是可以的，但必须顺纹理刨削。

7

碰到高点，向上倾斜平槽刨，抬高刨刀刃口做浅刨削，直到刨刀刃口可以顺畅地通过这里，恢复正常刨削。当刨刀刃口沿整个长度方向触底的时候，槽深已经达到要求，停止刨削。

8

用凿子开槽时，还可以辅助使用细木工锯沿槽壁锯切。先画线，然后从远端起始锯切。

9

逐渐向后延伸切口，直到可以全长锯切。采用同样的方法锯切另一侧槽壁。

10

用凿子清除两个槽壁之间的废木料。

11

用锯子锯切槽壁后，可以适当增加凿切深度。修整纵向槽的方法与之前一样。

12

纵向槽制作完成。

在大面开纵向槽

用凿子在大面开纵向槽与在边缘开纵向槽的方法相同。如果纵向槽较宽或木质较硬，可以使用木槌敲击凿子，帮助切断木纤维。凿子刃口斜面朝下方便控制凿切深度。

最后，用较大的平槽刨修整纵向槽底部。在刨底抹油或上蜡润滑。推刨或拉刨都可以。与其双手握住两个手柄同步移动刨削，不如一手握紧并压住手柄，以这个手柄作为支点，移动另一个手柄，借助杠杆作用刨削。这种方式可以增加刨削深度。当然，最后还要以全长度的浅刨削结束。

碰到高点，抬高平槽刨的前端，围绕支点旋转操作，定点刨削。清除高点后，将平槽刨放回正常位置，继续刨削。

平槽刨不适合大量去料的操作。可以采用三步刨削法。第一步用凿子完成粗凿和去料；第二步，把平槽刨设置成深度刨削模式进一步修整去料；第三步，把平槽刨设置为浅刨削模式，完成最后的刨削。

纵向槽制作完成。

如果肩刨的尺寸与纵向槽吻合，用肩刨制作纵向槽很方便，用靠山辅助刨削或者徒手操作都可以。可以用肩刨完成纵向槽的全部制作，也可以只用肩刨修整凿子粗凿后的表面。如果刨削方向与纹理方向相反，可以拉刨刨削。

7

从另一端推刨刨削。

8

纵向槽制作完成。也可以先用细木工锯沿槽壁锯切，再用肩刨清除中间的废木料。

用犁刨制作纵向槽

1

犁刨是制作纵向槽的最佳工具，因为它就是为此而设计的。从边缘近端开始刨削，直到形成初始的纵向槽，然后全长度刨削。

2

一定要把刨身扶正，保持靠山紧贴部件的大面刨削。犁刨最适合浅刨削，即便如此，其效率仍然很高。

3

犁刨在大面上制作纵向槽的过程与在边缘相同。

用史丹利 45 号刨制作纵向槽

史丹利 45 号刨非常适合制作纵向槽，制作过程和犁刨相同。此外，还有专门用来制作纵向槽的金属犁刨，操作更简单。

45 号刨可以快速刨出轻薄如丝带的刨花，快速开出纵向槽。

如果纵向槽的宽度超过了刨刀刃口的宽度，可以先在一侧制作纵向槽，然后调整靠山的位置，在另一侧继续刨削，拓宽纵向槽。

横向槽

横向槽是横向于纹理的凹槽。方向本身就限制了可用的方法，这与制作纵向槽的情况很不一样。

在掌握了半边槽和纵向槽的制作方法之后，制作横向槽就不那么困难了。制作横向槽需要搭配使用细木工横切锯、凿子和平槽刨。划线刀和直角尺对于准确画线很重要。可以用木工桌挡头木固定部件。

制作横向槽是为了插入另一个部件。将直角尺的靠山紧贴基准边，用划线刀画出横向槽的一侧定位线。正确摆放直角尺，以便在废木料侧画线。这样画线的好处是，所有偏离的画线都会连同废木料被清除。注意，不要用划线刀为横向槽的另一侧画线。

3

用划线刀沿画线在废木料侧加深划痕，形成引导切口。

4

把要插入横向槽的部件端面朝下，一侧大面对齐切口放在横向槽部件上。用铅笔沿插入部件的另一侧大面轻轻画线。画线圈定的只是横向槽的大概位置，主要用来标明废木料区域，避免意外凿切掉需要保留的部分。

5

设置平槽刨的刨削深度，使其与横向槽的深度一致。对于贯通横向槽，同样可以用平槽刨充当深度规，在插入部件的两端标示槽深。

6 A

6 B

（A）在一侧边缘标记深度线。（B）插入部件端面的记号。

7

用细木工横切锯锯切，小心锯切到深度线处。用空闲手的指尖顶住锯片，防止锯片偏离切口产生划痕。对于止位横向槽，稍微抬高锯片前端，以加深横向槽末端的锯切深度。随着锯切推进到止位线附近，稍稍抬高锯片后端，用锯片尖端锯切到止位线附近。在锯缝范围内，水平锯切到深度线处。

8

将部件固定在木工桌台面上。凿子刃口斜面朝下或朝上，在废木料区域凿切至切口处，形成肩部的雏形。如果需要，可以使用木槌。

9

再次凿切，使肩部更加凸显。从横向槽的中间下凿，向着榫肩凿切。必要时，可以用划线刀沿榫肩切割，清除木屑。

10

接下来是确保接合紧密的关键步骤。竖起插入部件，使其一侧大面紧贴榫肩。

11

用划线刀的刀尖做记号，标记木料宽度，这相当于横向槽的宽度。这个步骤很容易出错。如果刀身向外倾斜，刀尖就会伸到木料底部，标记的横向槽的宽度就会偏小；如果刀身距离插入部件太近，刀尖会向外偏，标记的宽度会偏大。因此，实际操作前，最好做一些练习，找到合适的划线刀的位置。此外，横向槽宁窄勿宽。槽的宽度偏小，可以修整拓宽；槽的宽度偏大，则无法补救。

12

调转部件方向，用直角尺紧贴基准边。把划线刀的刀尖放在宽度记号处，滑动直角尺刀片紧靠刀尖。画出横向槽的另一侧定位线。

13

用划线刀加深画线形成引导切口。

14

像之前锯切第一个槽壁那样锯切第二个槽壁。

15

把部件固定在木工桌台面上，凿切第二个肩部。因为之前已经凿切出一侧肩部，所以现在凿切更为容易。

16

这时候横向槽中间会形成一条隆起的脊。用凿子把这条脊凿平，凿子的宽度要比横向槽的宽度小一些。

17

将凿刃对准用平槽刨画好的深度线。凿子的刃口斜面朝上，下压凿柄，然后敲击凿柄撬起木屑。这样可以防止从另一个方向凿切时边缘木料撕裂。

18

调转部件，以同样的方式凿切横向槽另一端的深度线。

抬高凿柄至水平位，向内凿切，去除横向槽中央的脊。可以分几次凿切。先不要凿切到槽深的位置，预留一两个刨花的厚度作为最后修整的余量。

19

20

如果凿子足够长，可以从近端直接凿切到远端。因为两侧的木料已经被凿除，所以这一步操作不易撕裂木料。也可以凿切一半，然后调转部件，从另一端继续凿切另一半。

21 A

21 B

（A）因为平槽刨能够确保槽深一致，所以它是修整横向槽的最佳工具。分别从两端向中间刨削修整；因为纹理走向的问题，可能从某一端起始的刨削更容易一些。（B）也可以使用刨刀刃口宽度比横向槽略窄的肩刨修整横向槽。由于肩刨没有配备限深器，所以刨削过程中必须留心观察两端的深度线。平稳推刨，确保横向槽的底部中央区域不会高低不平。

22

将配对部件插入横向槽中。用手轻压即可将配对部件插入横向槽，说明横向槽宽度合适，接合紧密；如果需要靠铁锤敲击才能将配对部件插入横向槽，说明横向槽偏窄，需要修整。接合过紧的话，软木易压缩，尚可承受，而硬木不易压缩，这样的接合可能会损坏部件。

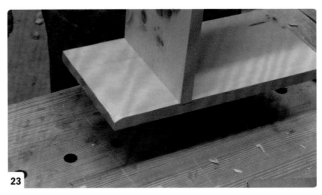

23

理想情况下，应该可以提起接合后的组件，而组件不会散架。

24

制作完成的横向槽，肩部和底部平整，两端接合紧密。对于两端的细小缝隙，可以用胶水、锯末自制填料，或者用市售的填料填充。

25

如果横向槽过窄，可以用专门的边槽刨拓宽横向槽。这种手工刨装有两把方向不同的刨刀，也有一对独立手工刨的版本。

26

选择要修整的肩部，仍然从两端向中间刨削。这也是边槽刨装配两把刨刀的原因。刨刀刃口必须非常锋利，才能刨削得干净整齐，不会出现撕裂。

27

边槽刨产生的刨花细小轻薄。刨削过程中随时检查槽宽是否已经符合要求，不能刨削过头，造成接合过松。如果没有边槽刨，可以选择一侧肩部用划线刀重新画线，然后用凿子垂直向下凿切，形成新的肩部和宽度。

其他方法

用凿子沿肩线方向垂直向下凿切，这是制作横向槽的另一种方法。

凿切与清除废木料交替进行，得到所需的槽深，其他操作步骤都是相同的。第三种制作横向槽的方法是使用专门的横向槽刨。有一种木质的横向槽刨，与木质的斜槽刨结构类似，刨身前端装有额外的刨刀；还有一种金属横向槽刨，它类似于金属企口刨。不过，专门的横向槽刨只能制作特定宽度的横向槽。

无论初始操作是用手锯还是凿子，都可以制作任意宽度的横向槽，包括带倾斜角度的横向槽，比如，图中这个借助角度夹具支撑制作的横向槽。

搭接接合

"半搭接"是一种常见的接合方式，包含多种形式。搭接接头的厚度不一定都是木板厚度的一半，其他比例也是可以的，比如 1/3。不管接头的厚度如何，除了画线的位置，其他操作都是相同的。

精确的锯切对于搭接部件的制作至关重要。搭接接合的接缝，尤其是沿榫肩的接缝非常明显，因此，所有横切必须精确，才能确保接合良好，外观美观。

大面与大面的半搭接也叫作框架半搭接，包含十字形半搭接、T 形半搭接和 L 形半搭接。图中展示的是十字形半搭接。

边缘半搭接，即通过边缘切口完成的搭接。

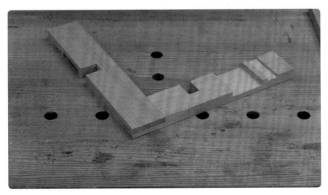

转角半搭接，即 L 形半搭接。

半搭接接合的切口很像是短而宽的横向槽，因此除了制作端面半搭接部件需要用到的纵切锯，其他的工具与制作普通横向槽都是相同的。

用料一致（木材种类、裁板方式、含水量）也很关键，因为半搭接接合件只有厚度或宽度高度匹配，接合区域才能够平整。对于边缘半搭接接合件，可以并排刨削两个部件的边缘至所需的宽度。

十字形半搭接

1

制作十字形半搭接接合件，可以按照设计把两块木板垂直搭放在一起，然后用铅笔在木板的两侧画出榫肩线。翻转组件，同样用铅笔在另一块木板上画出榫肩线。此时的画线只是用来标示大致的接合位置与方向，所以算不上精确。

2

用直角尺靠山紧贴基准边，用划线刀沿一条榫肩线划刻。

3

用划线刀沿榫肩线的废木料侧来回划刻，形成引导切口。

4

用划线规找到木板厚度的中心（见第 53 页），在两条榫肩线之间的边缘区域画出深度线。用铅笔加深画线，使它们清晰显眼。

5

按木板厚度的一般设置平槽刨。刨刀刃口必须与深度线精确对齐。

6

将细木工横切锯放入引导切口，锯切至深度线处。用空闲手的指尖顶住锯片，防止锯片偏离锯路。

7

将部件固定在木工桌台面上，沿锯缝向下凿切去料。经过多次凿切后形成一侧榫肩。

8

用配对部件的一侧边缘顶靠榫肩，用划线刀沿另一侧榫肩划刻记号。

9

掉转部件，用划线刀的刀尖对准记号，保持直角尺的靠山紧贴基准边，滑动直角尺，使其刀片紧贴划线刀。用划线刀精确画出第二条榫肩线。

10

用划线刀在榫肩线的废木料侧划刻，形成引导切口。

像凿切第一条榫肩那样制作第二条榫肩。然后，另外横向凿切几个切口，切口的间距略小于凿刃的宽度，把废木料区域分割为数段。

11

12 将部件固定在木工桌台面上。稍稍下压凿柄，刃口斜面向上凿切废木料区域的边缘。可以用手掌按压，或者用木槌敲击凿柄末端。先按废木料的一半厚度凿切，以便随时观察纹理方向的变化，避免撕裂木料。在这个操作中，我在部件后面额外放置了一块边角料顶靠部件，使部件边缘更靠近木工桌边缘。

13 沿边缘多次凿切，每次凿切掉剩余废木料厚度的一半，直到深度线处。

14 调转部件重新固定，凿切另一条边缘的废木料，同样凿切到深度线处。

15 用手前推凿子，或者用木槌敲击凿柄末端，凿除凹槽中间凸起的废木料。稍稍下压凿柄，使刃口斜面向上切入木料，这样可以避免刃口斜面下切。分几次粗切出凹槽。

16 用凿子完成最后的切削，使槽底接近深度线。

17 用平槽刨做最后的精修。在步骤5中，平槽刨的刨削深度已经设置好。从一侧向中间刨削，然后调转部件方向，从另一侧刨削到中间。部件应始终紧靠木工桌挡头木。最后，把榫肩边角清理干净。

18

用凿子清除凹槽表面残留的木纤维，完成接头的制作。

19

配对部件的制作过程与上述过程完全相同，从基准边开始凿切。

20

唯一的区别是，在确定配对部件的第二条榫肩的位置时，配对部件会滑入第一个部件已经切好的凹槽中，你需要在两个部件紧密接合后，用划线刀在第二条榫肩处做标记。

21

完成第二条榫肩的制作后，把两个部件接合在一起。与横向槽接合一样，如果接合件不需要用木槌敲击，只需用手按压即可接合到位，说明接头尺寸合适。提起接合后的组件，组件应该不会散架。

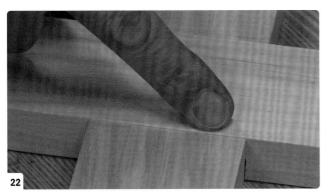

22

常见的问题是接缝区域不平整，这是凹槽深度与部件厚度的一半存在偏差造成的。这个问题很容易解决。

23

设置平槽刨，再做一次浅刨削。刨削配对接合区域的大面。

24

接合后正反面的接缝区域都要平整。如果一面平整，另一面不平，说明配对部件的厚度不一致，接下来需要刨削较厚的部件。小心地做浅刨削，每次刨掉薄薄的一层，直到接缝区域平整。

25

精修表面还有一种方法，即用锋利的匠凿代替平槽刨，以小角度完成最后的几轮切削。凿子的刃口斜面朝上，用拇指按住凿子，其他手指托住凿子背面，小角度切削。以画圆的方式移动凿子刃口，凿身稍稍倾斜略偏离切削路径，以剪切的方式清除高点。这样的斜向切削可以精细控制操作，获得非常平整的表面。操作过程中，凿子平整的背面应始终平贴大面，防止凿子切入过深。

边缘半搭接

1

制作插槽的第一步，是根据部件的厚度粗略地在配对部件的边缘画出插槽的位置和宽度。用铅笔画线。

2

将直角尺的靠山紧贴基准面，用划线刀划刻出第一条榫肩线。

3

将榫肩线向大面延伸，延伸到木板的一半宽度处，形成插槽的宽度线。

4

按照前面介绍的方法确定木板宽度的中心线，标记在步骤 3 所画的两条铅笔线之间，形成插槽的深度线。用铅笔加深中心线使其清晰可见。

5

用划线刀加深大面的延伸线。将划线刀的刀尖放在画线上，滑动直角尺，使其刀片紧靠划线刀。沿直角尺画线，直到木板宽度的中心线处。

6

把部件边缘朝上固定在台钳中。注意确保画线清晰可见。

7

用凿子沿一侧榫肩线剔除小块木屑，形成引导切口。

8

用细木工横切锯沿切口向下锯切，至深度线处。

9

用凿子凿切去除废木料，形成榫肩。

10

用配对部件的一侧大面抵靠榫肩，准确标记出另一侧的榫肩线。

11

用划线刀沿第二条榫肩线做标记。

12

用划线刀对准标记点，滑动直角尺，使其刀片贴紧划线刀。用划线刀划刻出第二条榫肩线。

13

延长榫肩线至大面，与插槽的深度线相交。

14

用凿子沿第二条榫肩线凿切去除小块废木料，形成引导切口。

15

用细木工横切锯锯切第二条榫肩。

16

将木板平放，用刃口宽度比插槽略窄一些的凿子凿切去除榫肩之间的废木料。先去除一半深度的废木料，检查另一侧大面的木材纹理情况。

17

如果因为纹理问题导致另一侧大面的凿切量较大，换到这一侧，用凿子继续凿切去除废木料。每次只凿切掉剩余废木料厚度的一半，在接近插槽深度线时停止凿切。

18

分别从两侧大面沿深度线向内凿切，在插槽的底部中间形成凸起。最后，把中间凸起凿切平整，使整个插槽底部与深度线平齐。

19

重复上述步骤，完成配对部件的制作，把两个部件接合在一起。同样的，手稍微用力就可以把两个部件接合在一起，且提起组件后，组件不会散架，说明插槽尺寸准确，制作到位。

20

这个接缝区域不平整。

21

为下方部件垫上木块，用木槌敲击部件，拆开组件。

22

在两个插槽的底部分别完成一次浅切削，然后重新接合部件。如此重复，直到接缝区域平整。

23

接缝区域平整的组件。

24

上述操作过程同样适用于以其他角度接合的部件，不管是大面搭接还是边缘搭接。唯一不同的只是画线过程，其他的操作，包括锯切、凿切以及用平槽刨精修，都是一样的。

转角半搭接

1 转角半搭接的制作难度更大，因为榫肩和部件的端面都是外露的。首先在每个部件的末端标记配对部件的宽度。宽度应稍微大一些，刨平胶合之后突出的端面即可。

2 用划线刀和直角尺在第一个部件上划刻出肩线。

3 加深刻痕，形成引导切口。

4 按照木板厚度的一半设置划线规。沿边缘和端面画出深度线。用铅笔加深画线，使线条清晰可见。

5 用细木工横切锯沿榫肩线向下锯切至深度线处。

6 将部件竖起，一个边角朝上，固定在台钳中。用细木工纵切锯从部件边角处下锯锯切榫颊，锯缝距离深度线几个刨花的厚度。

7

向下锯切至榫肩线处，此时的锯缝前端应该越过端面的中点。

8

调转部件重新固定，从另一个边角下锯，锯切至榫肩线处。

9

将部件端面朝上直立固定。从端面已有的锯缝向下锯切，直至榫肩线处，切断尚连接的部分。清除颊部的废木料，小心操作，一点点清除。

10

重复上述步骤，锯切得到配对部件的末端凹槽。最后，用平槽刨刨平大面，并到达深度线处。

11

由于榫颊开在端面，所以在用平槽刨刨削时，需要用配对部件顶靠部件的端面，以支撑平槽刨。分别从两侧边缘向中间做浅刨削，来回刨削数次。在配对部件上重复同样的操作。

12

干接检查接合效果。和其他形式的接合一样，接缝区域可能不平整，需要额外刨削每个部件，直至接合表面平整如一。

注意部件端面突出的部分。这是之前预留的宽度余量，需要在胶合后刨平。

13

14

胶合配对部件。待胶水部分凝固后，清除残胶。

15

待胶水完全凝固后，用短刨斜向推刨，刨平端面。

16

用细刨完成最后的精细刨光。

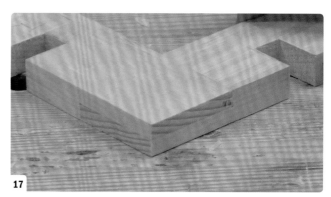

17

制作完成的接合部件，无论榫肩还是边缘区域，都是平整的。

替代方法

可以用肩刨代替平槽刨完成最后的修整。把两个部件并排在一起，形成一个长而平整的表面，以支撑刨身完成整个颊部的刨削，且在刨削过程中不会倾斜。由于肩刨没有限深器，所以必须不时观察，以免刨削过度。

最基本的方法是用凿子横向于纹理切削。将凿子背面平贴在颊部表面，稳定连贯地切削，形成平整的表面。这种方法需要高超的技艺和控制能力。

第 5 章

榫卯接合

关于榫卯接合，大家争论激烈，如何制作榫眼和榫头是争论的焦点。

榫眼

关于榫眼，争论最激烈的问题是，制作榫眼时，是全程用凿子凿切到位，还是先钻孔去料，再用凿子凿切修整？

事实上，两种方法都是行之有效的。用凿子凿切的方法能够一次性完成所有操作；钻孔的方法则分为粗加工和精修两个阶段，且需要根据阶段更换工具。

凿切法更为简单，因为只需凿子这一种工具。榫眼的宽度通常由凿刃的宽度决定。

钻孔法有两个好处。第一，用木槌敲击凿子的声音比较大，容易吵到别人，采用手摇钻钻孔则要安静得多。第二，如果制作尺寸超过凿刃宽度的大榫眼，钻孔法没有工具尺寸的限制，无疑更加适合。特别是对于厚重坚硬的木料，用凿子凿切的话，工作量会很大。

凿切

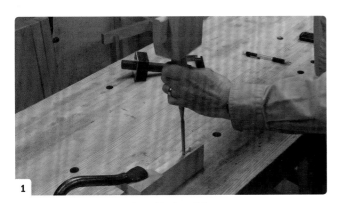

1. 用凿子凿切需要用凿子垂直于纹理向下凿切。

2. 经过多次垂直凿切去除大部分的废木料，最后做修整。

钻孔

1. 钻孔加凿切的方法，需要先以钻孔的方式去除大部分废木料，然后用凿子凿切修整。

2. 钻取一系列的孔，相邻的孔保持部分重叠，可以去除大部分的废木料。

3

用凿子凿切去除剩余的废木料。

4

沿画线切削，得到精确的榫眼宽度。

榫头

如何制作榫头，是人们争论的第二个焦点。是直接精确锯切出榫头，还是先完成粗锯，再沿画线精修得到榫头？

沿画线向下锯切榫颊。

沿画线锯切，可以加工出榫头。这种方法步骤少，但想得到平整的表面，难度非常大。

稍稍远离画线锯切，只是粗操作，精度要求不高。

之后，用凿子对准画线切削修整，对操作精度的要求很高。即使之前是沿画线锯切的，最后也需要用凿子切削表面，以消除瑕疵。

榫卯的制作要点

榫卯接合形式多样。下凹的孔是榫眼，与之配对的凸起部分就是榫头。图中展示的是加腋榫，榫头上的缺口与榫眼所在的凹槽匹配。

图示的是止位榫卯接合，因为榫眼不是通透的，所有从外面看不见榫头和接缝。

图中所示的是木楔加固的通榫接合。通榫接合的制作要求更高，因为榫头末端和接缝是可见的，任何缺陷都会明显地呈现出来。木楔可以增加接合强度，并在撑开榫头的同时将其锁定到位。不管榫头与榫眼部件以何种角度接合，木楔都必须与榫眼所在表面的木材纹理垂直。如果木楔与榫眼所在表面的木材纹理平行，那么，随着木楔的切入，榫眼部件会开裂。同样，榫眼的端面可以倾斜一定角度，从而与被木楔撑开的榫头形成类似燕尾榫的互锁结构。木楔加固的圆木榫接合是椅子腿和座面常用的接合方式，能够防止椅子腿松动。

无论何种形式的榫卯接合，榫头和榫眼的紧密匹配都是必要的。正常情况下，只需稍稍用力就能把榫头和榫眼部件接合在一起。如果需要用木槌敲击才能完成榫头和榫眼的接合，说明接合过紧，开裂的风险会增加；如果榫头可以丝毫不受阻碍地插入榫眼，且组件无法自行保持稳定，则表明接合过松。

接合件应该匹配精确，榫肩线区域应干净平整。得到这样的效果需要不断练习。

榫眼宽度对应配对榫头的厚度，通常占到部件厚度的 1/3 到 1/2。榫眼宽度超过部件厚度的一半，榫眼壁会非常薄，容易破裂；榫眼宽度小于部件厚度的 1/3，榫头就会很薄，容易折断。部件厚度的 1/3 到 1/2，这个范围就是权衡后的最佳选择。

工具的宽度也是需要考虑的因素。不管是榫眼凿、台凿还是钻头，都需要根据榫眼宽度选择。这也是必须先制作榫眼，再制作与之匹配的榫头的原因。

制作过程中，榫眼部件末端额外多出的约 ½ in（12.7 mm）长度被称为截距角。截距角可以在操作过程中稳定端面，避免用凿子凿切木料时出现撕裂。

待胶合完成，胶水完全凝固，就可以切掉截距角了。锯切到距离画线约 1/16 in（1.6 mm）处。

用台钳固定榫眼部件，使其端面朝上。为了方便刨削和后期操作，可以把榫头部件与榫眼部件并排固定，且榫头部件的边缘与榫眼部件的截距角画线对齐。这样也方便从近端向中间刨削。

用锋利的短刨或细刨横向于纹理刨削。稍稍倾斜刨身做浅刨削，得到光滑平整的表面。刨底前端紧贴榫眼部件的边缘，为刨平榫眼部件的端面提供引导。

完成接合，榫眼部件的端面与榫头部件的边缘平齐。榫肩以及榫头的端面区域都很平整。

止位榫卯接合

　　框架-面板结构多采用榫卯接合。框架中的水平部件称为冒头，垂直部件称为梃。通常情况下，榫眼开在梃上，榫头开在冒头上。

　　每个部件的大面和边缘必须方正，并标记出基准面和基准边。端面不必完全方正，因为垂直部件的端面留有截距角，最后会切掉，冒头端面的榫头最后会埋入榫眼中。

制作榫卯接合件的工具很多，具体选择主要取决于榫眼的制作方法。最基本的工具有开榫锯、榫规、划线刀、直尺、直角尺以及用于清理榫眼的窄凿。

制作榫眼的凿子，可以是宽度合适的台凿、窗框榫眼凿或椭圆柄斜刃榫眼凿。凿刃宽度决定了榫眼宽度，以及榫头厚度。

采用钻孔法制作榫眼，需要用到曲柄钻和钻头、宽刃的台凿或匠凿。钻头尺寸决定榫眼的宽度。匠凿也可以用来修整榫颊，通常凿刃越宽，修整效果越好。

制作榫眼

1

用凿子凿切出榫眼，用开榫锯锯切出与之匹配的榫头，这是最简单的方法。在榫眼部件的端面预留出截距角的尺寸。把榫头部件放在榫眼部件的参考边上，在上面画线，标记榫头部件的大致宽度和位置。

2

从画线处分别向内测量 ⅛~¼ in（3.2~6.4 mm）做标记，确定榫眼的长度。

3

过标记垂直于棱边画端线，确定榫眼的两端。

4

在榫头部件的一端大面上画出榫头的长度线，图中的榫头长 1½ in（38.1 mm）。

5

根据凿刃的宽度精确设置榫规钢针和靠山，使榫眼在部件边缘居中。

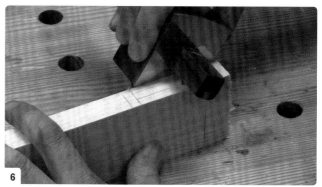

6

保持榫规靠山紧贴基准面，使钢针插入榫眼的一端端线，滑动榫规画线，直到榫眼的另一端端线处。用铅笔加深画线，得到榫眼的宽度线。废木料区域画"×"标记。

7

榫眼定位线已经画好。

8

在距离榫眼端线 ⅛ in（3.2 mm）处下凿，刃口斜面朝向凿切的方向。下凿的位置与端线保持些许距离，可以避免破坏榫眼两端。连续凿切，每次木槌敲击凿子时，刃口斜面的楔入作用都会把凿子推回到已完成凿切的位置，从而有助于撬起废木料，使每次凿切都比上一次更深。

9

用木槌轻敲凿柄开始凿切，不需要很用力，切断表层木纤维即可，然后将凿子前移约 ⅛ in（3.2 mm）。

10

加大敲击力度，凿刃这次切入更深。第一步的凿切是为了形成一个切口，以释放楔入作用的反作用力。从这次凿切开始，每次会切下一块木屑。

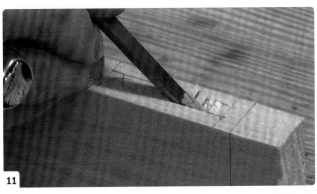

11

继续前移 ⅛ in（3.2 mm）。从现在开始，可以更用力地用木槌敲击凿柄，每次凿切可以敲击两下，甚至更多。以这种方式连续凿切，凿切深度会越来越大。每次取出凿子时，都要将凿柄前倾，以撬起后面的废木料。如此操作，把榫眼壁清理干净。凿切须小心，凿子不能切入太深，以免在撬起木屑时折断，特别是在使用台凿开榫眼的时候。选择重型的榫眼凿会更合适。

12

竖直握持凿子，保持凿刃位于榫眼宽度范围内，最重要的是避免在凿切时凿子出现扭转或侧向摆动。这两种情况都会损坏榫眼壁，或使榫眼变宽。可以前后晃动凿子，辅助凿切。

13

在距离榫眼另一条端线 ⅛ in（3.2 mm）处完成最后一次凿切。和开始凿切时一样，这种做法可以在凿切过程中保护榫眼两端。两端残留的废木料可以最后凿除。

14

换用一把刃口略窄的凿子清理榫眼。连续的凿切在榫眼内部形成了斜坡区域，用凿子沿榫眼壁垂直向下凿切，剔除废木料。使用窄凿可以避免凿子卡在榫眼中。

15

调转凿子刃口斜面的方向，从第二条端线开始，完成一系列的凿切。通过一系列持续加深的切口，斜坡区域被凿除，同时初步形成平整的榫眼底部。

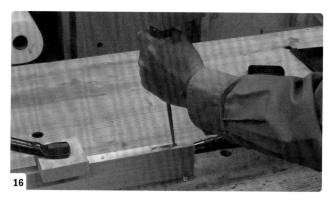

16

最后，把凿子向后倾斜凿切，形成平整的斜面。用窄凿清除废木料。

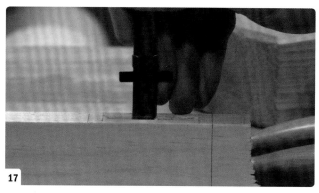

17

检查榫眼深度。榫眼深度应该比榫头长度多出约 ⅛ in（3.2 mm），用来容纳胶水。如果空间太小，胶水形成的液压效应会妨碍部件的接合。多次小幅凿切，以获得所需的榫眼深度。图中的榫头宽 2 in（50.8 mm），长 1½ in（38.1 mm），所以榫眼深度至少应为 1⅝ in（41.3 mm）。

18

把凿刃对准榫眼一端的端线，刃口斜面朝向榫眼内部。垂直向下凿切，去除榫眼两端的废木料。因为废木料附近已经没有任何支撑，所以很容易去除。

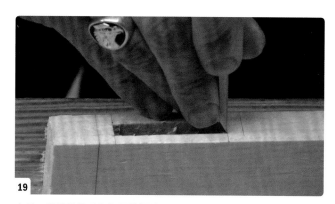

19

在另一端端线处重复相同的操作。

20

如果需要修整槽底，可以用窄凿的凿刃尖端下切高点，将高点切碎后再刮平。保持凿刃远离榫眼壁，以免造成损坏。槽底不需要非常平整，只要榫眼足够深，可以容纳整个榫头和胶水就好。

制作榫头

1 在距离榫头部件一端 1½ in（38.1 mm）处做标记，标记榫头的长度。

2 用刀尖对准标记，保持直角尺靠山紧贴基准边，移动直角尺刀片紧靠划线刀，画出榫肩线。

3 用直角尺提供引导，环绕部件将榫肩线延伸到其他 3 个侧面。为每个侧面画线，都要把刀尖放在之前画线的末端，移动直角尺刀片紧靠划线刀，然后画线。

4 保持榫规靠山紧贴基准面，在边缘的榫肩线上点出两个浅凹坑。

5 滑动榫规，从末端向内画线，直到两个浅凹坑处。在另一边缘重复上述操作，得到另一侧的厚度线。继续在端面画厚度线，从两侧向中间操作。用铅笔加深画线使其清晰可见。

6 因为切割榫肩必须精准，所以应先用划线刀沿榫肩线划刻，形成引导切口。

7

8

将横切锯对准引导切口，用空闲手的大拇指顶住锯片，防止锯片偏离切口损伤正常表面。一直锯切至厚度线处。

翻转部件，锯切另一侧的榫肩。注意远端的锯齿，避免锯切过线。

9

10

将部件立起，一个边角朝上，用台钳固定部件。

精确沿画线的废木料侧锯切。为了便于精确引导锯片，可以先用划线刀对准画线在边角处切出一个切口。

11

12

紧挨切口在废木料侧再切一刀，形成凹口。在榫头的另一侧重复上述操作。

边角的凹口与引导切口作用相同。下锯时，锯片侧面刚好抵靠画线，锯片则位于废木料侧。

向下锯切，用空闲手的手指顶住锯片侧面，防止锯片偏离锯路。

13

14

15

锯子不要握得太紧，轻松握锯，用力过猛反而不易控制。注意观察，锯片应始终沿画线推进，整个锯切过程连贯一致。可根据需要调高或调低锯切角度，在不同方向延伸锯缝，一直锯切至边缘的榫肩线处。

在同侧的另一个边角重复同样的操作。

16

17

调转部件重新固定，在另一侧的两个边角处开凹口。

沿边角的凹口向下锯切，使端面的锯缝连成一体，这样在每侧榫颊外侧，各自剩下一个三角形的未切割区域。

18

19

将部件直立，端面朝上固定在台钳中，沿已有锯缝垂直向下锯切。把空闲手放在锯背上稳定锯片，仍以较为放松的状态握锯。

用手指托住废木料的侧面，防止废木料突然脱落产生撕裂。

以相同的方式锯切另一侧榫颊。

20

21 检查榫颊，看颊面是否整体平整。颊面会有锯痕，但凹凸起伏不会很明显。榫肩在废木料去除后会显现出短纹理。

22 用宽凿清理榫肩。用划线刀沿转角内侧切掉残留木纤维，或者用手下压凿子切断木纤维。

23 肩刨适合精修表面。不同型号的肩刨，调整方式也不一样。图中的肩刨，可以先松开顶部螺丝，然后调整前面的螺丝打开或关闭刨口。在这里，刨口要紧一些，刨削量要非常小。保持刨底平贴榫颊，横向于纹理水平刨削，避免榫颊中间形成凸起。

24 肩刨最主要的用途是刨平榫肩。这方便精确调整榫头，使其与榫眼精确匹配。从两端向中间刨削，可以防止撕裂边角。

25 从一侧边角出发刨削到榫肩中部，然后换到另一个方向的边角向榫肩中部刨削。

26 另一种方法是，在榫头部件的远端固定一块边角料提供支撑，其端面与榫肩线平齐，这样可以从近端直接刨削到远端。

27

用这种方式可以直接刨平两侧榫肩。也可以旋转部件，使其另一侧边缘顶靠边角料，重新固定后，刨平另一侧榫肩。

28

小心推刨，轻轻刨削，肩刨追求精细，而不是速度。

29

肩刨的侧面与底面精确垂直，可以直接刨削内直角。肩刨刨刀的刃口和两侧边角都可以刨削。有人喜欢刨刀刃口比刨身稍稍宽出一丝，有人则喜欢刨刀刃口与刨身等宽。

30

斜口短刨是清理榫颊的理想选择。拆下刨身侧面，刨刀刃口刚好可以刨削榫肩的内直角。

31

斜口短刨刨削后的表面光滑平整。小心操作，刨身不能倾斜，也不能一次刨削过深。刨削时刨身倾斜形成的偏差会造成两个榫颊不平行，甚至颊面出现扭曲。

32

平槽刨可以精确设置刨削深度，所以可控性最好。用另一个部件顶住榫头端面，使平槽刨的两侧都得到有效支撑。从边缘向中间刨削，刨削完一半，可以同步水平旋转两个部件，从另一边缘继续向中间刨削。同步翻转两个部件，刨削榫颊另一侧，操作与之前完全相同。确保榫头相对于部件厚度完美居中。

33 虽然相比斜口短刨，平槽刨刨削出的表面不那么光滑，但是平槽刨的刨削深度连贯一致，刨削表面没有凹凸不平，两侧颊面精确平行。

34 将榫头修整到最终宽度。将榫头一侧边缘与榫眼部件端面的截距角线对齐，标记出榫头的两端。确保标记方向正确，特别是榫头部件，没有上下颠倒。

35 用直角尺将榫头宽度线从标记处延伸至榫肩线。

36 保持榫头部件直立，用台钳固定，沿宽度线向下纵切，在距离榫肩线不远处停下，纵切速度很快，很容易锯过头。

37 沿部件边缘的榫肩线引导切口横切，一直锯切到榫头宽度线处，切除废木料。因为需要切除的废木料很少，所以很快就可以完成。

38 为榫头端面的 4 条棱轻轻倒角。

干接测试。手轻轻用力就可以把榫头插入榫眼，获得紧密的接合和平整的接缝区域。

39

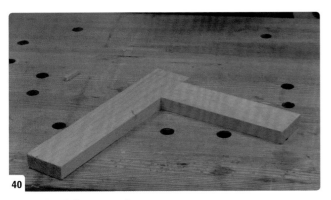

40

组装后的组件表面必须平整。

41

理想情况下，配对部件可以完美接合在一起，这需要不断的练习。如果接合效果不佳，部件的调整就不可避免。很多人会忍不住拿起凿子切削榫眼壁。除非榫眼壁存在明显的高点，否则这不是好的选择。最好的选择是精修榫头。找出高点或任何没有对齐的位置，小心操作。此时去除的任何一点木料都可能导致接合过松。用凿子的刃口边角把高点表面的木料切碎，再用刃口刮平表面，有效去除痕量木料。

圆木榫加固的榫卯

对于松动的榫卯接合，可以用圆木榫加固，使接合重新变得牢固。

为了紧固接合，榫头上的圆孔需要稍微偏离榫眼上的圆孔。然后用圆木榫穿过圆孔，将榫卯部件拉紧。

1

制作直径 ¼ in（6.4 mm）的圆木榫，可以用木槌和凿子沿一块 ⅜ in（9.5 mm）厚的直纹木料的边缘劈下小木块，这样木块的侧面是平行于纹理的，小木块的宽度同样约为 ⅜ in（9.5 mm）。

2

在方形坯料的侧面，纹理沿整个长度方向延伸，因此坯料的强度极高。

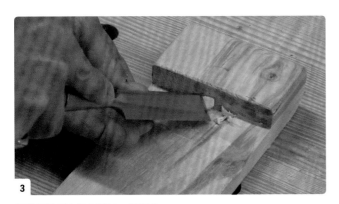

3

用凿子将圆木榫坯料的一端削尖。

4

准备圆木榫板，将坯料插入 ⅜ in（9.5 mm）的孔中。将这个孔定位在某个限位孔的正上方，并在限位孔下面放一个容器用来接住圆木榫。

5 驱动坯料通过圆孔，去除边角废木料。逐次将坯料插入直径更小的孔中，直到直径为 ¼ in（6.4 mm）的孔。

6 标记榫眼外侧的中心点，这个位置大致对应榫头的长度中心。

7 以中心点为圆心，钻取直径 ¼ in（6.4 mm）的通孔。在榫眼中插入一块边角料，可以防止榫眼内部出现撕裂。

8 将榫头插入榫眼中。把钻头的尖端插入孔中，向后旋转钻头，标记出榫头的宽度中心。

9 拉出榫头，在靠近榫肩的一端，距离标记 ¹⁄₃₂ in（0.8 mm）处画线。这是榫头开孔相对于榫眼孔的偏移量。注意，榫头的钻孔中心必须偏向榫肩，而不是另一端。在画线正对宽度中心标记的位置画十字记号，标记出榫头的钻孔中心。

10 将钻头尖端放在榫头的钻孔中心，旋转钻头，做出引导孔。

11

在榫头下面垫上一块边角料，钻取通孔。

12

将榫头插入榫眼中，检查对齐情况。如图所示，在榫眼开孔的下边缘，可以看到新月形的木材（俯视），代表榫头开孔的偏移量。照片中还显示了一种需要避免的错误。因为榫头的宽度比榫眼的长度要小一些，所以接合后部件之间存在侧向间隙。究其原因，是由于在用钻头标记钻孔位置时，榫头部件的边缘和榫眼的长度线没有对齐，所以在插入圆木榫之后，两个部件出现了错位。

13

将接合部件的开孔正对木工桌上的限位孔放置，然后插入圆木榫。可以胶合开孔部件，但没有必要。这是因为，在将圆木榫插入孔中时，偏移的路径会使圆木榫轻微弯曲，形成依靠弹性张力固定到位的机械互锁结构。在这里，我在榫头和圆木榫表面刷涂了胶水。

14

用木槌敲击圆木榫，直到圆木榫完全插入孔中，偏移孔会通过圆木榫把接合部件拉紧在一起。不用等待胶水凝固，接合已经非常牢固了。

15

翻转部件，检查另一面的情况，榫肩线同样应该闭合紧密。如果圆木榫的前端不够尖细，在将其钉入时，孔的开口周围容易撕裂。

16

锯掉两侧多余的圆木榫，要贴近部件表面锯切。

17

保持凿背平贴部件表面，稍稍倾斜凿身切削圆木榫末端，将末端处理平齐。小心不要损坏周围的木料。

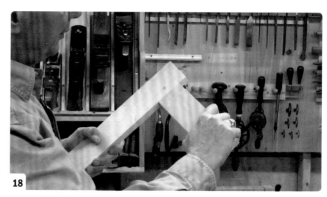

18

插入圆木榫后的接合件非常牢固。锯掉截距角，刨平榫眼部件的端面，使其与榫头部件的边缘齐平。

钻孔法与锯切-切削法

接下来，以钻孔法制作榫眼，锯切-切削法制作榫头。因为不需要木槌，所以全程会很安静。

在这部分，无论制作榫头还是榫眼，都分为粗加工和精修两个阶段。粗加工会去除大量废木料，操作不需要很精确，可以快速完成。精修需要小心细致，不过因为需要清除的木料很少，所以也可以快速完成。

对于榫眼，粗加工就是指钻孔去料，精修指的是用凿子切削到画线处，去除剩余的废木料。对于榫头，粗加工指的是锯切去料，锯缝距离画线约 $1/16$ in（1.6 mm），精修指的是用凿子切削至画线处，去除剩余的废木料。

1

在木料表面画线，操作方法同前。

2

用直径 $1/4$ in（6.4 mm）的钻头在榫眼区域钻取一系列的孔。在钻头上粘贴胶带以指示钻孔深度。保持钻头垂直向下钻孔。

3

相邻的孔应保持少许重叠，一直钻孔到榫眼末端。

4

清除榫眼中剩余的废木料。将凿子刃口放在画线上，垂直向下凿切长度方向的一侧榫眼壁。

5

旋转凿子，按照这种方法凿切长度方向的另一侧榫眼壁。

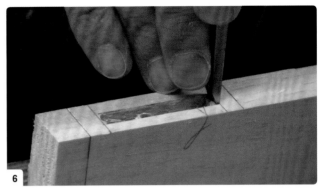

6

选择宽度合适的凿子，将其刃口对准榫眼两端的画线，垂直向下凿切。如果废木料较多，无法一次去除，可以分两三次凿切。

7

用窄凿清理榫眼。

8

榫眼凿切完成，榫眼壁必须垂直于所在边缘表面。

9

锯切榫头，不要沿榫肩线直接锯切，在废木料侧距离榫肩线约 1/16 in（1.6 mm）处做标记。

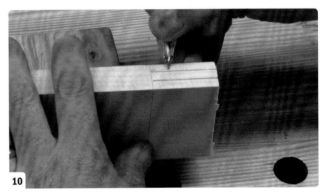

10

对于榫颊，同样在废木料侧距离画线约 1/16 in（1.6 mm）处做标记。

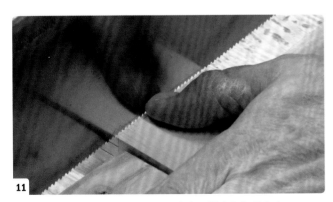

11

将横切锯放在一侧榫肩标记处，向下锯切到榫颊标记处停止。

12

完成锯切后，翻转部件，在另一侧榫肩完成同样的操作。

13

在对应榫颊的位置额外横切一两次，锯缝之间的间隔要能放入凿子进行切削修整。

14

将榫头部件立起，一个边角朝上，用台钳固定。用纵切锯向下锯切榫颊，方法与之前的相同，在标记处下锯。跟锯切榫肩一样，这只是粗加工。以同样的方式锯切另一侧榫颊。

15

调转部件重新固定，在榫头的另一个边角重复相同的操作。由于是粗锯，所以源自两个边角的锯缝不需要完美匹配。

16

保持部件直立，榫头端面朝上，用台钳固定。沿已有锯缝向下锯切到榫肩锯缝处。清除榫颊废木料。以同样的方式处理另一侧榫颊。

17

图中是粗切后的榫头。步骤 13 中额外的横向切口已经很浅了，出现这种情况，可以用横切锯再锯切一两下，或者用划线刀加深刻痕。当然也可以就这样直接切削。我个人觉得，应在锯切榫颊后额外横向锯切几次，加深原有的刻痕。

18

保持部件直立，用台钳固定，用匠凿从榫颊线出发，横向于纹理向中间切削，修整榫颊。

19

从另一侧沿榫颊线向中间切削，木屑应顺利卷起。

20

凿子下移一个宽度的距离，以同样的方式继续切削。

21

倾斜凿子，以侧向切削的方式继续修整颊面。旋转部件后重新固定，在榫颊另一侧重复同样的操作。

22

另一种握凿的方式，用大拇指拉动凿子平贴榫颊切削。

23

用大拇指推动凿子末端，清除残留的木屑。

24

以榫眼部件为模板，标记榫头宽度。

25

沿榫头宽度线纵切榫头，一直锯切到榫肩线标记处。

26

沿榫肩标记横向锯切，去除废木料。

27

清除榫肩废木料。保持榫头端面朝上，用台钳固定部件。将匠凿的一侧刃口边角放在榫肩线处，沿端面横向切削。匠凿的刃口边角非常锋利，即使切削硬木也没问题。身体前倾，借助全身力量切削，确保切面平整，与部件大面垂直。不需要一步到位。

28

继续用凿子的刃口边角沿整个榫肩小幅切削，每次前推的量约为 ⅛ in（3.2 mm）。有了平整的表面后，可以把凿背平贴在这个表面上，用两侧刃口边角交替推进切削。掌握好节奏，操作会变得快速高效。一直切削到榫颊处。最后得到光洁的榫肩。

29

将凿子竖起，凿背平贴榫颊。用大拇指控制凿子垂直向下凿切，凿切掉最后的 1/16 in（1.6 mm），直至榫肩线处。小心凿切，不要切过榫肩线。

30

做第二轮切削，与刚刚沿榫肩线的凿切配合，得到精确的榫肩内直角。借助第一轮切削形成的表面支撑凿子。

31

沿部件厚度方向，以同样的方式切削两侧的短榫肩。

32

旋转部件重新固定，以同样的方式处理榫头的另一侧。

33

为榫头的端面棱角倒角，这样榫头更容易插入。

34

干接部件，检查榫头榫眼是否匹配。图中的榫头没有完全插到榫眼底部，可以适当加深榫眼，或裁短榫头。

35

用凿子从两侧向中间切削，裁切榫头。最后需要重新倒角。

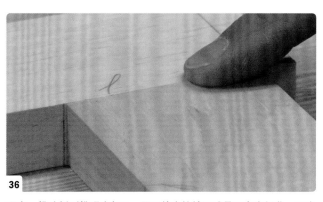

36

现在，榫头插到榫眼底部了。用手检查接缝区域是否存在扭曲。图中是有一些扭曲的。

37

要非常小心，以画圆剪切的方式切削，将每侧榫颊的高点轻轻削平。

38

双手轻轻用力，榫头和榫眼顺利接合在一起，闭合紧密，表面平整。

练习制作榫眼

这个练习很简单，就是重复制作一系列的榫眼，帮助你减少失误，降低实际制作时的风险。通过练习，你还可以熟悉制作榫眼的技巧，加深对上述内容的理解。

1 根据凿子的宽度设置榫规的钢针间距，在部件的一侧边缘画线。然后随意画一些限定榫眼长度的端线，且两条端线的间距至少为 ½ in（12.7 mm）。用"×"标记废木料区域。用铅笔加深画线。

2 凿切第一个榫眼。

3 分几次凿切，得到所需的榫眼深度。

4 分析操作中的失误：破损的边缘，是凿子在凿切时发生偏斜造成的；逐渐收窄的榫眼壁，是凿子未能保持垂直凿切造成的。记录所有问题，并在以后的操作中多加留意。凿切剩下的榫眼，重复上述凿切和分析的过程。

5 完成全套练习，你使用凿子的技能一定会取得明显进步。接下来，可以找些硬木继续练习，试试钻孔法。

练习制作榫头

锯切练习

第一个练习侧重于精细锯切，用横切锯锯切榫肩，用纵切锯锯切榫颊。与榫眼练习一样，榫头练习就是重复制作一系列的榫头。完成一个，将其锯掉，准备制作新的榫头。

1 用榫规在部件的两个边缘画厚度线，并用铅笔加深。从端面向内测量，在大面上标记出榫头的长度。通常，榫头长度为1~2 in（25.4~50.8 mm）最适合练习。

2 用直角尺和划线刀画出榫肩线，并将其延伸到木板的其他几个侧面。用划线刀在大面榫肩线的废木料侧切割出引导切口。

3 在两个大面上沿榫肩线横向锯切。

4 保持部件立起，一侧边角朝上，用台钳固定。用榫规在部件端面画厚度线，并用铅笔加深。紧挨部件边角的画线，用划线刀在废木料侧开凹口。

5 用纵切锯沿凹口向下锯切。在另一侧边角重复上述操作，先开凹口，再锯切。

6 保持部件直立，榫头端面朝上，用台钳固定。沿已有锯缝向下锯切，锯掉榫颊外的废木料，锯切出榫颊。

7

8

榫头制作完成。评估不完善的地方：榫颊表面凹凸不平，两侧颊面也不平行，说明锯切不连贯，对力度和角度的控制不够。切掉榫头，重复上述过程，继续制作榫头。

随着木料不断变短，你会发现，自己的锯切技能有了很大进步。接下来，可以使用硬木做练习。

切削练习

第二个练习侧重于训练锯切-切削法。这部分练习不需要制作出完整的榫头，只要反复切削榫颊与榫肩，直到木料太薄无法继续练习。

1

2

在部件的一侧大面上用划线刀标记榫肩线，然后用划线规靠山紧贴木板的另一侧大面，在边缘和端面距离榫肩线所在的大面约 $1/16$ in（1.6 mm）处画榫颊线，这个厚度就是制作榫颊需要切除的部分。

在废木料区域距离榫肩线 $1/16$ in（1.6 mm）的位置，用铅笔画一条线，沿铅笔线横向锯切，直到榫颊线处。

3

4

保持部件直立，端面朝上，用台钳固定，用匠凿对准榫颊线切削。

直线切削至中间位置。如果需要切削的木料较厚，可以分两次切削，每次切除一半厚度的废木料。

5

从另一侧切削至中间位置,去除废木料。

6

倾斜凿子,剪切去除残留的木纤维,得到平整的颊面。

7

把凿子的一侧刃口边角切入榫肩线,向前凿切,切断榫肩上方残留的木料。凿背紧贴榫肩,沿整个榫肩线完成凿切。

8

倾斜凿子,沿榫肩线清除任何粘连在榫颊上的废木料。

9

评估大面的平整度和边缘的破损情况。用划线刀在距离榫肩约 $1/16$ in(1.6 mm)处再画一条榫肩线,用划线规在边缘和端面画出新的榫颊线,新的榫颊线与现有榫颊的距离仍为 $1/16$ in(1.6 mm)。继续练习。

10

由于榫头变长,凿子已经无法一次切削出整个榫颊,可以在颊部中间额外增加一次横切,把待切削区域分成两部分。切削榫头颊部的废木料区域,然后切削榫肩。重复这个过程,榫肩的位置会不断下移。

当榫头变得很薄,不能继续切削时,停下。切除薄榫头,用剩余木料继续练习。

11

通榫接合

通榫接合需要从两侧边缘向中间凿切榫眼；榫头需要穿过榫眼并向外凸出一些，待胶合完成后，再把多余榫头刨平。

通榫接合比止位榫卯接合更具有挑战性。接缝需要美观，因为榫头端面外露，榫头刨平之后，所有锯切或制作榫眼过程中产生的瑕疵都会显露出来。

按照之前的方法在基准边上画出榫眼定位线，把榫眼两端的画线延伸至基准面。

把基准边的榫眼画线复制到其对侧边缘。用直角尺对准榫眼的末端画线，在对侧边缘做记号。

以这些记号为基准，在另一边缘画出榫眼定位线。

用榫规在榫眼两端定位线之间画出榫眼的宽度线。榫规靠山必须紧靠基准面，确保两条边缘上的定位线准确对应，这是保证后续操作的关键。这样即使操作出现偏差，榫眼没有相对于边缘居中，也不会影响榫眼的制作和使用。用这种方法可以在边缘开出偏向一侧的榫眼。

从一侧边缘向下凿切榫眼，先不要凿切两端，也不需要一次性凿穿，凿切到中间位置即可。然后翻转部件，从另一侧边缘继续向下凿切，把榫眼凿通。

7

从两侧边缘分别向中间凿切，清理榫眼两端。

8

用窄凿清理榫眼四壁的木屑。

9

用直角尺检查榫眼两端榫眼壁的平整度。

10

用榫眼部件做模板，在榫头部件上画线。注意为榫头保留一些加工余量。此外，通榫榫头的制作与暗榫头完全相同。因为榫头末端外露，所以必须小心锯切。锯切之前应先用划线刀加深榫肩线和榫颊线。

11

在两个大面上横向锯切榫肩。

12

在边角制作凹口，然后用纵切锯锯切榫颊。

13

参照榫眼的外侧长度，标记榫头的宽度。

14

用手指做靠山，在颊面延伸榫头的宽度线。

15

将榫头锯切到所需宽度。

16

沿边缘榫肩线锯切，去除榫头废木料。

17

用榫眼套住榫头完成干接。

18

检查榫头四周是否存在间隙。图中榫眼两端间隙较大，这是榫头刨削过度造成的。刷涂胶水完成接合，然后用木工夹夹紧。

19

待胶水凝固，刨平榫头末端。可以使用短刨斜向刨削。

20

从两侧向中间刨削榫头。

21

最后检查间隙的情况。较小的间隙不会影响接合效果。

22

用胶水、木屑混合制作填料，或者使用市售的填料填充较大的间隙。用刮刀或腻子刀将填料压入间隙，并刮平表面。

23

待到填料完全干燥，切掉截距角，刨平榫头。

24

通榫接合制作完成。

简单的开榫眼夹具

1

如果在制作榫眼时，你很难保持凿子笔直凿切，可以制作简单的夹具辅助操作。实际上这就是半个榫头，完全可以在练习制作榫头的时候做一个。

2

将夹具的支撑面与榫眼部件的基准面紧贴在一起，用台钳固定。夹具的肩部深度决定了支撑面与基准面的相对位置。

3

保持凿身侧面紧贴夹具支撑面凿切，用木槌敲击凿子。

4

夹具确保了凿子可以沿榫眼壁正确定位，并直线凿切。跟研磨夹具或其他引导夹具一样，榫眼夹具有利于操作的一致性。

5

逐步前移凿子凿切榫眼。

6

使用夹具凿切出全深的榫眼。对于使用夹具，人们褒贬不一。使用夹具，有助于保持操作的一致性，但是过度依赖夹具，无助于提高技能，一旦离开夹具，可能会寸步难行。是否使用夹具，只是个人偏好问题。我喜欢训练自己的动手能力，所以尽可能地避免使用夹具。不使用夹具的话，操作出现偏差就在所难免。在需要制作一件作品时，如果你的技能不足以保障操作的准确性，夹具确实可以提供有效的辅助。

托榫接合

1

托榫接合可以看作是搭接接合与通榫接合的集合体。它由三面开口的插槽与通榫的榫头构成，这意味着，接合件暴露在外的部分比一般的通榫接合更多，任何缺陷都很显眼。制作托榫接合件的过程很锻炼锯切技术。

2

两个托榫部件互为模板，在部件末端的大面上，用铅笔画出插槽和榫头的大概位置。

3

用划线刀画出大面的榫肩线。

4

将划线刀对准榫肩线在边缘的凹口，移动直角尺刀片紧靠划线刀。

5

在另一侧大面的相应位置划刻凹口，注意，不要用划线刀在边缘画线。

6

把部件放平，划线刀的刀尖放在凹口处，移动直角尺刀片紧贴划线刀，划刻出第二条大面榫肩线。

7

在废木料侧沿榫肩线划刻，形成切口。

8

用榫规在边缘和端面画出颊面线。画线过程中，榫规的靠山必须始终紧贴基准面。

9

用铅笔加深画线，以"×"标记废木料区域。插槽部件的废木料区域在两条颊面线之间；榫头部件的废木料区域在两条颊面线外侧。

10

制作插槽，先在颊面线内侧的边角处制作凹口。制作插槽的过程与制作榫头的过程基本相同，不同之处在于，制作插槽需要去除的废木料位于中央区域，而不是两侧。

从凹口处下锯，用纵切锯向下锯切。

11

12

掉转部件，在另一边角处制作凹口并向下锯切。

13

保持部件端面朝上，用台钳固定，沿已有锯缝向下锯切到榫肩线处。

14

手柄的形状方便另一只手的拇指伸入，同时手掌轻轻下压锯背，引导锯片锯切。轻松握锯，这样锯片才能沿已有的锯缝顺利滑动。

15

用凿子清理插槽中的废木料。稍微向后倾斜凿子，并用木槌敲击。向下凿切到一半的位置即可。重复上述过程，从端面向内，每次横向凿切余量的一半，直到只剩下槽底约 ⅛ in（3.2 mm）的厚度。

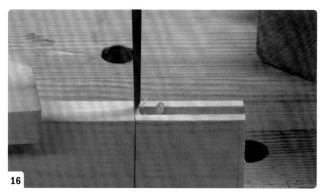

16

在槽底部分，用凿子刃口对准榫肩线，刃口斜面朝外，垂直向下凿切。如果一次不能凿切到位，可以分几次凿切。

17

翻转部件，从另一侧继续凿切。

用直角尺检查凹槽内表面是否平整。

18

19 制作榫头，在颊面线外侧的边角处制作凹口。剩余的制作过程与其他榫头完全相同。

20 榫头和插槽制作完毕，干接测试匹配程度。

21 检查榫头与插槽是否匹配，榫头和插槽接合时要有一些摩擦阻力，同时榫肩接缝处必须严丝合缝。没有问题的话，上胶后夹紧。

22 如果榫头和插槽的接合略松，可借助木工夹的压力闭合缝隙。待胶水凝固后，用短刨刨平插槽部件的端面。从边角外侧向内斜向刨削。

23 刨平榫头部件的端面。

24 检查接缝。图中，插槽端面的接缝很严密，榫头端面的接缝间隙较大。

25 用胶水、锯末制作的填料或市售的填料填补间隙。

26 待填料充分凝固，用手工刨刨平接合区域，从边角外侧向内刨削。

第6章

燕尾榫

燕尾榫——争论不休的话题

燕尾榫的制作始终是木工界的热门话题。争论的焦点有3个：第一，销件和尾件，先做哪个；第二，去除废木料，用手锯还是用凿子；第三，燕尾头的斜面角度应该多大？至于制作的细节，争论更多。

积极的态度是，承认每种方法都行之有效，都能提高技能。有一点大家的看法是一致的，即用手锯完成燕尾头和插接头的锯切后，要马上检验其匹配度。如果最后才发现问题，试图切削修整，很可能功亏一篑，因为配对表面很多，修整难度很大且耗时费力。

各种方法都试图兼顾效率和效果，但是再怎么追求完美，失误也在所难免。燕尾榫的神奇之处在于，它的机械互锁结构，即便接合不太好，也能非常牢固。我们经常在使用了几个世纪的旧家具上看到一些燕尾榫，接合得并不完美，却仍然很牢固。

对于燕尾榫的配对部件，带有燕尾头的部件叫作尾件，带有插接头的部件叫作销件。插接头之间，用来容纳燕尾头的部分叫作插口，燕尾头之间，容纳插接头的部分也叫作插口。插口区域的木料都需要去除。

备料对于制作燕尾榫至关重要。木料必须方正平整，端面平整光洁，厚度准确。销件和尾件的厚度可以相同，也可以不同。

对于全透燕尾榫，销件的厚度决定燕尾头的长度，尾件的厚度决定插接头的长度。

对于半透燕尾榫，燕尾头的长度略小于销件的厚度，尾件的厚度决定插接头的长度。

从结构上看，燕尾最宽的部位位于外侧，尾件上的燕尾头向外扩展；销件上的插接头必须在端面向外扩展。一个常见的错误是，接头向内侧扩展。另一个常见的错误是，销件的插接头被去除，而用于容纳燕尾头的插口区域被保留，或者尾件的燕尾头被切除，用于容纳插接头的插口区域被保留。

因此，废木料区域必须标记清楚，并保持所有部件方向正确。哪个面在内，哪个面在外，必须明确并在部件上标记清楚。每一步操作，都需要检查这些标记，以确保部件的方向正确。

无论先制作哪个部件，它都会成为另一个部件的模板。先制作尾件，尾件就是销件的模板；先制作销件，销件就是尾件的模板。

这里的关键点是，第二个部件要与第一个部件匹配，所以，即使第一个部件存在角度或间距不一致的情况，也不要紧，只要第二个部件能够与第一个部件匹配就没有问题。

先制作尾件，然后以燕尾头为模板，在销件上为插接头画线。

先制作销件，然后以插接头为模板，在尾件上为燕尾头画线。

198

锯掉废木料意味着，要先用钢丝锯粗略锯除大部分废木料，再用凿子切削修整。

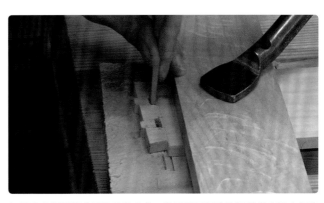

切掉废木料是指在最终修整之前，先用凿子粗略地切断并去除大部分废木料。两种操作中，锯切噪声较小，用木槌敲击凿子则很嘈杂。

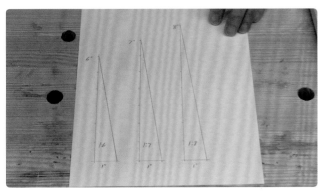

燕尾榫的角度即燕尾头斜面的角度，如图所示，可以用斜面所在直角三角形的底边与高的比例来表示，常用的比例有1:6、1:7和1:8。有人喜欢在软木上使用1:6的比例，在硬木上使用1:8的比例；有人则倾向于任何时候都采用1:7的比例。

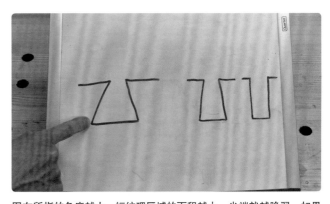

图左所指的角度越小，短纹理区域的面积越大，尖端就越脆弱。如果像图中这样，角度过大，无法形成有效的机械互锁，燕尾榫就失去了固有的结构强度。如果像图右这样，角度达到90°，燕尾榫就变成了指接榫。

燕尾榫接合件由尾件（图左）和销件（图右）两部分组成。燕尾头的形状像展开的燕子尾巴，故名燕尾榫。插接头位于燕尾头之间，两端的插接头因为只有一侧斜面，所以被称为半插头。

组装燕尾榫时，应该用手就可以把接头紧密接合在一起。如果需要很大力气才能完成接合，很容易挤碎部件。软木的纤维易压缩，即便接合得紧一些也问题不大，硬木则不同，即使只有少许的偏差，也可能导致接合失败。接合后的端面有些高低不平，可以在胶合后用手工刨刨平。

完成胶合和刨平的全透燕尾榫。

与普通的榫卯接合一样，燕尾榫也有多种样式。图示中的半隐燕尾榫，常用于抽屉侧板与面板的接合，接缝在侧面可见，在正面不可见，从而更显美观。依靠燕尾头和插接头的互锁，抽屉即使经年累月地拉动也不会松散。半隐燕尾榫必须先制作尾件，然后再决定销件插口的位置和大小。

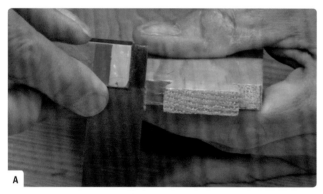

A

B

燕尾榫的接头都包括两种角度要素，即直角要素（A）和斜角要素（B）。燕尾头的侧面与端面成斜角，与大面垂直；插接头的侧面与端面垂直，与大面成斜角。

锯切还是凿切制作全透燕尾榫，很大程度上是一个个人偏好问题。半隐燕尾榫则不同，虽然其尾件可以锯切的方式去除废木料，但销件的插口废木料只能凿切去除，因为销件的正面不能锯穿。

如图所示，尾件和销件的大面和边缘彼此以 90° 角接合。当然，尾件和销件也可以其他角度接合，同时，部件的一侧或两侧边缘可以是斜面。虽然，复合角度的燕尾榫看起来很复杂，但只要遵循基本的制作方法，其实并不难。

燕尾榫的高接合强度主要得益于其复杂的互锁结构，所以，即使不胶合，燕尾榫接合也非常牢固，即便是松木材质的燕尾榫，也能够承受超过 120 lb（54.4 kg）的重物。

全透燕尾榫

制作燕尾榫同样需要精确的画线。画线工具包括一对两脚规、一把直角尺、一个划线规以及一个燕尾榫模板或一支可滑动斜角规。设定燕尾头间隔的方法很多，使用两脚规是常用的做法。此外还有划线刀（图中没有展示）。

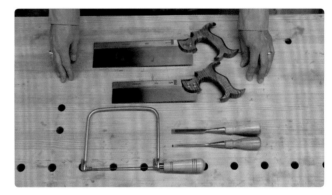

其他的工具包括：一把燕尾榫锯（纵切锯齿的精细夹背锯）、一把框架锯（横切锯齿的精细夹背锯）、一系列的凿子和一把钢丝锯（用于锯切去料）。

为了竖直固定部件，以便加工端面，可以使用图中这样的可拆卸自制台钳。

图中是莫克森牌台钳（Moxon vise），可以用夹钳或木工夹固定在木工桌台面上。

先制作尾件

1

先按照木板厚度设置划线规，然后增加一个刨花的厚度余量，这样接合后燕尾头的端面会稍微突出，最后刨平即可。因为配对销件和尾件厚度相同，所以划线规只需设置一次。如果销件和尾件的厚度不同，则需要分别设置划线规。木料必须方正，尺寸精确，切口整齐。这里我们先制作尾件，用钢丝锯锯切去除燕尾头的废木料后，用燕尾榫模板标记1:6比例的斜面。最后，将销件和尾件的木板标记清除。

2

将划线规的靠山紧靠尾件端面，画出燕尾头的基线。环绕所有侧面画一圈基线。因为销件和尾件厚度相同，所以以相同的设置在销件上画出基线，这次只在大面画线即可，边缘不画线。如果销件和尾件的厚度不同，则需要根据销件的厚度在尾件上画线，根据尾件的厚度在销件上画线。

3

用两脚规设置燕尾头间距。设置分为两步。首先用蝶形螺丝粗调，打开或关闭两脚，待间距锁定后，继续用滚花旋钮精调。滚花旋钮位于两脚规的左侧，可以向上或向下拨动几圈，最少可以拨动1/4圈。

4

在尾件端面两侧标记出半插头的宽度，画垂直于大面的线。将两脚规的一脚定位在一条宽度线上，打开两脚规的两脚到大致间距。如果需要3个燕尾头，两脚间距约为部件宽度的1/3；如果需要5个燕尾头，两脚间距约为部件宽度的1/5。以此类推。这种做法适合任何有规则间隔的燕尾头。

5

按照设定的两脚间距和燕尾头数量，在端面横向移动两脚规，确定终点的位置。

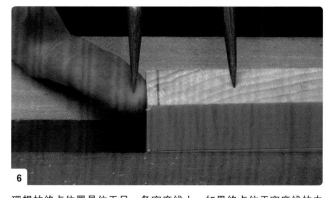

6

理想的终点位置是位于另一条宽度线上。如果终点位于宽度线的内侧，则需要调大两脚规的间距；如果终点越过了宽度线，则需要调小两脚规的间距。重复这个过程，不断调整，直到两脚规的终点落在宽度线上。这种定位方法还有一种变式：两脚规从一侧边缘起步，经过不断调整尝试，直到终点落在另一侧边缘。

7

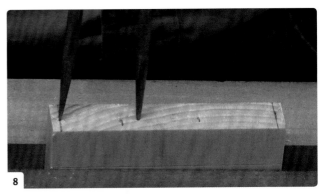

8

从一侧半插头的宽度线起始，根据燕尾头的数量，逐个标记出定位点。用两脚规的钢针刺入端面做标记，然后用铅笔加深标记。

从另一侧的宽度线出发，换到另一个方向逐个做标记。这样就确定了每个燕尾头的两侧位置。

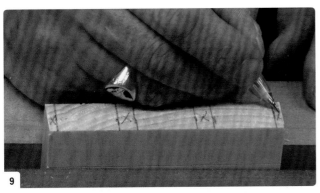

9

10

过上述标记点，用直角尺在端面垂直于大面画线。用"×"标记废木料区域。燕尾头间距是外侧半插头宽度的两倍。

如果没有专用的燕尾榫模板，可以使用可滑动斜角规画线。将斜角规设置到所需角度，对准端面画线，在大面上标记燕尾头的两侧斜面线。

11

12

如果有专用的燕尾榫模板，用模板对准端面画线，沿模板的斜面画线，使其与基线相交。画出每个燕尾头左右两侧的斜面线。

在最后一个燕尾头的外侧画线。

完成燕尾头的所有画线，可以开始锯切了。用"×"标记大面的废木料区域。锯片向右倾斜锯切燕尾头的一侧斜面，再向左倾斜锯切另一侧斜面。

13

14

锯切的姿势很重要。站立的位置必须方便锯片向两侧倾斜，且手臂与躯干不会冲突，既不需要手臂向外侧伸出太远，也不要距离身体过近，以至于锯切时碰到躯干。站立的位置和姿势对操作来说应该是舒适的，便于向下观察锯背、锯齿以及锯路。

15

把空闲手的拇指对准斜面线，用指甲顶住燕尾榫锯。锯片横向于端面，沿燕尾头的斜面线向右倾斜锯切。

16

俯视观察锯背、锯片和燕尾头的斜面线。制作燕尾榫的关键是，沿燕尾头的斜面直线锯切。无论燕尾头的斜面角度是多少，最终锯切得到的尾件都是销件的模板。另外要注意，为了方便运锯以获得最佳控制，握锯应适当放松，不要握得太紧。

17

保持角度，后拉锯片以形成切口。如果切口不明显，可以额外后拉一两次加深切口。

18

开始时，全长度平稳锯切。如果锯路出现偏差需要纠正，可以通过几次锯切加以纠正。待锯缝形成，锯齿完全进入其中，就可以专注于锯切了。轻压锯片，主要依靠锯片重量施加向下的压力，就好像锯片漂浮在锯缝中移动，只要你想，就可以将其从切口中提起。注意力应集中在控制节奏，平稳锯切上。不要刻意追求速度，技术熟练后速度自然会提高。

19

向下锯切到基线处，不要越过基线。

20

锯切倾斜方向相同的另一个斜面。用拇指对准斜面线，顶住锯片，后拉锯切形成切口，然后起始锯切。

21

继续锯切。这是从部件背面看到的锯切情形。

22

切割完成所有向一侧倾斜的燕尾头斜面后，向另一侧倾斜锯片，锯切第一个燕尾头的对侧斜面，锯切方法跟之前相同。

23

继续锯切下一个斜面。

24

这是从部件背面看到的锯切情形。

25

从正面检查部件。即使锯切不够精确，某些位置偏离画线也没关系，因为配对销件会以这个尾件为模板制作，二者的斜面角度完全互补。

俯视端面，检查锯切情况。这是部件的关键位置，端面切口必须与大面垂直。如果端面切口略有偏差，像图中最左边的切口，问题并不大，对软木而言更不是问题。如果偏差很大，部件是不能接合在一起的，因为在接合到位前，有问题的燕尾头就会像木楔一样卡在销件的插口中，甚至撑裂销件。

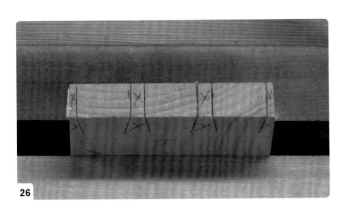

26

27

用钢丝锯粗锯去除燕尾头之间的废木料。最简单的方法是，从废木料的中间位置向下锯切，在接近基线时锯片转向，继续水平锯切至距离基线 $1/16$ in（1.6 mm）处。清除松动的废木料。

28

锯片转向，在距离基线 $1/16$ in（1.6 mm）处水平锯切。

29

用相同方式继续锯切剩余的废木料。

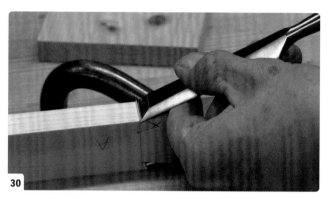

30

用小号细木工横切锯锯切去除半插头废木料。部件边缘朝上，先用凿子沿基线凿切，形成切口。

31

将锯片放入切口，沿基线小心锯切，一直锯切到燕尾头的斜面锯缝处。或者稍微离开基线锯切到斜面锯缝处，再用凿子切削端面，一直切削到基线处。

32

沿基线在燕尾头之间做最后的切削修整。窄凿用力更为集中，宽凿具有较大的支撑面，可以确保切削平整。不要从前到后一次性切削到底，应该分别从前后向中间切削，各自切削一半深度，以免撕裂远端的木料。可以手工推凿，也可以借助木槌敲击。

33

有几种方法可以完成最后的切削修整。第一种方法，不使用引导夹具，把部件平放在台面上，用凿子对准基线，竖直向下切削。如果需要切除的废木料较多，可以分两次切削。也可以把部件端面朝上，竖直固定在台钳中，沿基线水平切削。

34

另一种方法是使用引导夹具。准备一块边缘平直的木板，将其边缘对准基线，引导垂直方向的切削。将凿子刃口放在基线上，凿子背面紧贴木板边缘，向下切削。与不借助引导夹具的方法一样，可以分两次切削。

35

使用引导夹具，保持凿子背面紧贴夹具边缘，切削第一个燕尾头间隔。

36

不借助引导夹具，凭目测垂直向下切削第二个燕尾头间隔。

37

翻转部件，借助引导夹具，完成第一个燕尾头间隔的切削。

38

不借助引导夹具，完成第二个燕尾头间隔的切削。

如果因为切削角度不垂直造成切削表面存在凸起，可以把部件竖起，端面朝上固定，用窄凿切削修整。

39

40

仍然只切削一半的深度，以免撕裂远端。用凿子的尖角，以小幅画圆的方式切削，把凸起部位削平。然后调转部件，从另一侧完成另一半的切削。

41

用直角尺检查切削表面是否仍有高点。用直角尺的靠山贴靠部件的前后大面，此时的刀片边缘应紧贴基线。每个切削表面都要检查。

再制作销件

1

尾件制作完成，用它作为模板在销件的一端画线。把销件竖起，端面朝上固定在台钳中，把尾件的末端搭在销件的端面。为了保持尾件水平，可以用手工刨等物品垫高尾件的另一端。

2

将尾件的基线与销件的内侧大面对齐。由于在确定基线位置时，燕尾头的长度比其最终长度稍大，所以此时燕尾头的端面稍稍越过了销件的外侧大面。尾件的定位至关重要。如果尾件的基线没有紧贴销件的内侧大面，最终的接合就会很松。如果尾件的基线越过了销件的内侧大面，那么最终两个部件根本无法完成接合。

3

以尾件为模板，用划线刀的刀尖沿燕尾头的轮廓小心地在销件的端面划刻，留下明显的刻痕。

4

用"×"在销件端面标记废木料区域。对应燕尾头两侧的斜面线都要标记出来，图中因为角度的问题，一侧的斜面线并不清晰。

5 端面朝上，竖直固定部件以方便锯切。从端面画线的末端出发，在大面上垂直于端面画延长线，直到基线处。

6 锯切插接头，操作与锯切燕尾头相同，只不过要完全按照插接头的画线锯切。由于销件上的画线是以燕尾头的外轮廓为模板标记的，所以需要在画线的废木料侧锯切，而不是直接对准画线锯切，以免接合偏松。在画线的废木料侧制作切口，然后用空闲手的拇指贴靠切口，顶住锯片锯切。

7 锯切向一侧倾斜的所有侧面。放松握锯，不要握得太紧。先回拉锯片形成锯缝，然后再全长平稳锯切。

8 锯切向另一侧倾斜的所有侧面，图中是背面的视角。

9 从正面检查部件，所有锯缝都应垂直于端面以及基线，且不能越过基线。与尾件一样，这里的角度关系对接合效果至关重要。

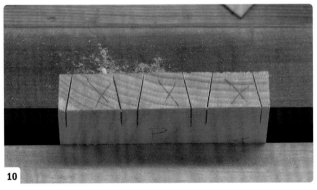

10 俯视检查，确保每条锯缝都是对准画线的，这种精确性与垂直关系同样重要。

11 用钢丝锯锯切去除废木料。从废木料区域的中间向下锯切，一直到距离基线约 $1/16$ in（1.6 mm）处，改变锯切方向，向一侧水平锯切。在靠近插接头侧面时调整锯切角度，按照侧面角度锯切。

12 水平锯切另一侧的废木料。在靠近插接头侧面时，按照侧面角度锯切。

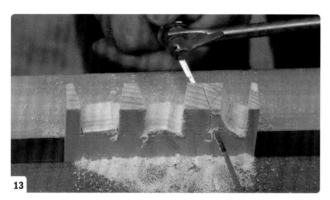

13 用同样的方法锯切去除其他废木料。

14 与制作尾件时一样，用凿子沿基线切削插口底部。不同之处在于，这里可以使用更宽的凿子，同时，侧向倾斜凿子，与插接头的侧面角度保持一致。如果残留的废木料较多，可以分多次切削，是否使用木槌也可以视需要决定。

15 可以借助引导夹具完成操作。

16 翻转部件，不借助引导夹具，从背面重复同样的操作。

17

也可以借助引导夹具的操作。

18

将部件端面朝上，竖直固定在台钳中，用窄凿做最后的切削，修平高点。用手指夹住凿子末端，限制切削幅度，切削到中间位置即可。以小幅画圆的方式小心切削。

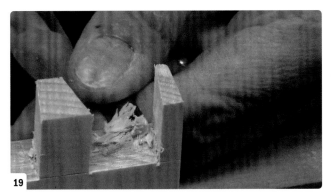

19

调转部件，重新固定，从另一侧继续向中间切削，完成修整。

20

干接测试。可以用拳头敲击接头，或者在接头处垫放一块边角料，用木槌敲击组装。应该是稍微用力就可以完成组装，不需要大力敲击。用力敲击可能导致木料碎裂。如果接到中途卡住了，应检查所有锯切是否存在偏差，确保这种偏差不会阻碍接合。可以把高点轻轻削平，务必小心切削，以免矫枉过正。

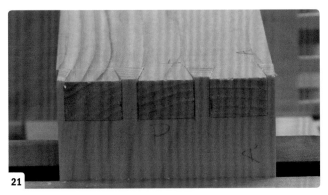

21

从前面检查，查看接缝情况或锯切不方正的问题。

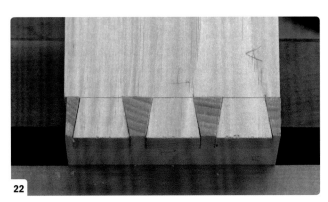

22

俯视检查。查看接缝情况或角度匹配情况。

23

此时的燕尾头和插接头的端面都略微凸出，可以在接合完成后将凸出部分刨平。尾件通常要比销件稍宽，所以接合完成后，边缘也要刨平。

24

用刷子在燕尾头和插接头的侧面刷涂胶水，插口底部也可以刷涂胶水，但这对增加接合强度帮助不大。刷涂胶水、组装后用木工夹夹紧接合区域。当然，燕尾榫接合的强度非常高，即使不用胶水也完全没有问题。

25

待胶水凝固后，固定组件，准备刨平处理。由于组件通常都是完整的构件，比如箱体，需要在木工桌上固定一块支撑板，把组件悬挂在支撑板上刨削。根据需要调整组件的固定方向，以刨削接合区域。

26

调高刨刀刃口，精细设置手工刨做浅刨削。倾斜刨身刨削，刨平插接头端面，使其与周围的燕尾头平齐。

27

重新固定组件，刨平燕尾头端面，使其与插接头平齐。

28

制作完成的燕尾榫接合件。由于木材吸收胶水中的水分稍有膨胀，所以胶合前的间隙，现在已经变得很小。

先制作销件

1

接下来介绍先制作销件，再制作尾件的流程。用凿子凿切，而不是用手锯锯切去除废木料。准备方正的木板，把端面刨削平直。用划线规环绕尾件侧面画一圈基线，销件只在两个大面画出基线。

2

在销件大面的两侧，距离边缘 ⅛ in（3.2 mm）处标记半插头的宽度，垂直于端面画出宽度线，并将其延伸到基线处。

3

在大面上确定插接头和燕尾头的位置和间隔，方法同前。

4

垂直于端面画线，并将这些线延伸到基线处。

5

将部件端面朝上竖起固定。用燕尾榫模板或可滑动斜角规在销件端面画出插接头的两条侧面线。

6

用"×"标记废木料区域。确保端面对应燕尾头的插口是面向操作者张开的。

7

沿画线精确锯切，插接头的侧面与端面垂直，与大面成斜角。将拇指放在画线处顶住锯片，后拉锯片两三次，形成切口，然后平稳向下锯切，直到基线处。注意放松握锯，不要握得太紧。

8

完成方向相同的所有插接头侧面的锯切。

9

调整角度，锯切另一方向的所有插接头侧面。

10

将销件平放固定在木工桌上，以凿切的方式去除废木料。方法有两种，每种方法都可以选择是否使用引导夹具。

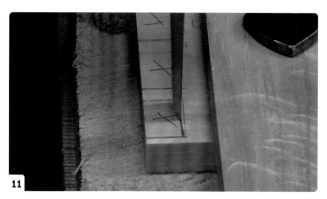

11

方法一，在距离基线约 1/16 in（1.6 mm）处下凿，先粗切去除大部分废木料，然后再沿基线精细切削。这种方法与先粗锯，再切削去除剩余废木料的方法类似。因为是粗切，所以可以用木槌敲击凿子以增加凿切深度。

12

向后倾斜凿子在废木料侧凿切，并将木屑撬起。

13

小心地从端面向内凿切，切下厚厚的一片废木料。重复先垂直凿切，再倾斜凿切，最后水平切下的过程，凿切到一半厚度时停止。

14

翻转部件，重复上述步骤，直到凿切掉另外一半厚度的废木料。与之前不同的是，现在不能从端面切入向上撬起废木料，因为插口在这一侧是上小下大。

15

沿基线垂直向下切削，到中间位置时停下。

16

翻转部件，沿基线向下切削，并根据插接头的侧面角度，向一侧倾斜凿子切削。

17

方法二，将凿子刃口直接对准基线操作，相当于省略了粗切步骤，因此在开始凿切时需要格外小心。保持凿子刃口斜面朝后，刃口对准基线轻轻向下凿切。用力过大会导致刃口斜面受到来自木料的反作用力，把刃口推过基线。

18

向后倾斜凿子，撬起一小片废木料。现在，沿基线有了足够深的切口，可以加大凿切力度。就这样，重复垂直凿切、倾斜凿切的过程，直到凿切过半。暂时先不要从端面向内凿切去除废木料，以便翻转部件后，有更多的木料可以提供支撑。

19

在每个废木料区域重复同样的操作。为了提高效率，可以先在所有废木料区域完成某一操作，再推进到下一个操作。切掉所有沿基线的废木料，然后向后倾斜凿子，凿切去除靠近端面的废木料。

20

翻转部件，从另一侧重复同样的操作，直到废木料松动掉落。

21

将部件竖起固定，端面朝上，轻轻切削插口底部。

22

用手指捏住凿子近末端的位置，控制切削深度，从两侧各自切削到中间位置即可。

23

用直角尺检查插口底部，确保底部平整无高点，燕尾头可以完全插入。

再制作尾件

1

以销件为模板制作尾件。将销件立起，接头端面放在尾件大面上，销件的内侧边缘对准尾件大面上的基线，确保燕尾头向外扩展变宽。用划线刀沿插接头的端面轮廓画线。

2

划线刀在尾件大面留下浅浅的刻痕，用铅笔加深画线。用"×"标记废木料区域。

3

将尾件竖起，端面朝上固定，在端面画线。

4

用"×"标记端面的废木料区域。

5

必须沿画线的废木料侧锯切，也就是留线锯切，具体要求是，划线刀画线完整保留，铅笔线留半线。

6

锯切尾件，锯片应向一侧倾斜锯切端面。把空闲手的大拇指放在画线处，顶住锯片锯切。从锯背向下俯视，确保锯片倾斜角度与燕尾头侧面的画线一致。同样是先回拉锯片两三次建立切口，再全长平稳锯切。注意放松握锯，不要握得太紧。

7

继续完成同一倾斜方向的侧面锯切。

8

将锯片向另一侧倾斜，锯切另一倾斜方向的侧面。

9

检查锯缝是否垂直于大面，是否与画线平行。

10

为了去除两侧对应半插头的废木料，可以先用凿子沿基线凿切并撬起一片废木料形成切口。

11

小心锯切，去除对应半插头的废木料。

12

如果仍有残留木纤维，用凿子垂直向下凿切去除。其他对应半插头的废木料，可以用同样的方法去除。

去除废木料的方法与之前相同。第一个插口，可以从稍微离开基线的位置下凿，另一个插口，可以正对基线下凿。稍微离开基线下凿，可以用木槌敲击，因为切口远离基线，可以大胆凿切。凿子的刃口宽度必须小于下凿处的废木料宽度。

13

14

向后倾斜凿子，撬除废木料。就这样反复操作，垂直向下凿切，倾斜凿子撬除废木料，逐渐加深切口，直到一半深度处。

15

对准基线凿切需要做的事情相同，只是必须轻轻地敲击凿子，以免木料作用在凿子刃口斜面的反作用力过大，将刃口推过基线。

16

向后倾斜凿子撬除一小片废木料。重复轻轻向下凿切、倾斜凿子撬除废木料的过程，直到初步形成榫肩。加大凿切力度和凿切量，直到完成一半的深度。

17

翻转部件，完成另一半对准基线的凿切。重复步骤16的操作，直到凿穿废木料，露出全部榫肩。

18

完成第一个插口的另一半凿切。重复之前的凿切过程，直到去除靠近端面的所有废木料。

19

对于靠近基线的残留废木料，可以沿基线向下凿切去除，同样凿切到中间位置。如果需要去除的废木料较多，可以分两次凿切。

20

再次翻转部件，将凿子刃口对准第一个插口另一侧的基线凿切，去除剩余废木料。凿切时，可以对准基线凿切，也可以稍微偏离基线留出余量凿切；凿切时可以借助引导夹具，也可以不用。操作的灵活性很大，需要根据具体情况控制节奏，毕竟，为精美珠宝盒制作硬木抽屉与用松木制作储物箱完全不是一回事。

21

将部件竖起，端面朝上，固定在台钳中，做最后的精细切削修整。用手指捏住凿子近末端的位置，分别从两侧向中间切削。

22

如果加工精确，销件和尾件只需克服一点摩擦力就可以接合到位。用拳头敲击，或者在尾件上面垫上一块边角料，用木槌敲击。不要太用力，防止木料碎裂。

23

检查前面和侧面的接缝。

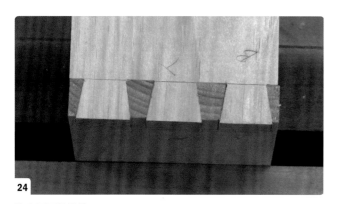

24

检查顶面的接缝。

25

检查内侧转角的接缝。图中左侧的组件，内侧转角存在两处明显的间隙，这很可能是在沿基线凿切时，敲击太过用力，导致凿子刃口越过了基线。所以，综合来看，采用稍微离开基线凿切的方法更为稳妥，虽然稍后需要额外的切削步骤去除残留的废木料。右侧的组件则接合得很好，沿接缝完全没有间隙。

26

刷涂胶水。

27

胶水凝固后，用细刨以浅刨削的方式刨平接头的端面。

28

完成的接合组件。无论先制作尾件还是销件，最终效果都是一样的。

练习锯切燕尾榫

　　娴熟的锯切技术是制作燕尾榫的关键，需要反复练习才能提高。锯切练习还可以锻炼脑、眼和手的协调性。

　　练习的时候，先用松木之类的软木，技术提高后再用硬木练习。

　　如果长时间没有做木工，这个练习也可以作为制作前的热身。

1 A

1 B

尾件和销件都需要两个角度的锯切。（A）燕尾头侧面的锯切与大面垂直，与端面成斜角。（B）插接头侧面的锯切与大面成斜角，与端面垂直。

2

将部件端面朝上竖起固定，用划线规在部件的前面和背面画基准线。

3

使用燕尾榫模板或可滑动斜角规，在大面画一些燕尾头的侧面线，在端面画一些插接头的侧面线，两个方向各画几条。

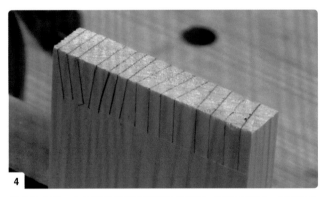

4

垂直于大面，将燕尾头的侧面线延伸到端面；垂直于端面，将插接头的侧面线延伸到大面。调转部件，把画线延伸到另一侧大面上。

5

分组练习锯切。用空闲手的大拇指对准锯切线，顶住锯片，首先回拉锯片几次形成切口，然后平稳地全长度锯切，注意放松握锯。每完成一次锯切，从前面和背面检查，锯缝是否精确地沿端面和大面的画线延伸。还要检查，锯缝是否越过了基线。一旦发现问题，争取在下一次锯切时纠正。

6

沿基线锯切，露出新的端面，并将其刨平。重复上述过程，连续做4轮，每一轮练习锯切十几条锯缝。

半隐燕尾榫

半隐燕尾榫常用于接合较薄的抽屉侧板和较厚的抽屉面板。侧板是尾件，面板是销件。接合后，从正面是看不到接缝的。

这里以尾件作为模板制作销件，应先制作尾件。不过，要先为销件画线，因为必须先确定销件端面的插口深度（即燕尾头的长度），毕竟，半隐燕尾榫的燕尾头不是贯穿面板的。

保持销件端面朝上，竖直固定，面向销件的背面操作。从销件的正面出发测量一个距离，用铅笔做好标记，用来指示燕尾头的前端。在示例中，这个从销件正面出发的距离为 ¼ in（6.4 mm）。用划线规的靠山贴靠销件背面，将圆盘刃口设置在这个位置上，在端面画线。

使用相同的划线规设置，环绕尾件的大面和边缘画出一圈基线。

按照尾件的厚度设置划线规。

在销件的背面画出基线。销件的正面和边缘不需要画线。

将尾件端面朝上竖起固定，跟制作全透燕尾榫一样，确定燕尾头的位置和尺寸，做好标记。

7

过标记点，用直角尺在端面垂直于大面画线。

8

用燕尾榫模板或可滑动斜角规，在大面上标记燕尾头的侧面。

9

用"×"标记废木料区域，确保燕尾头是向外伸展的。

10

像锯切全透燕尾榫那样，精确锯切半隐燕尾榫的燕尾头。把空闲手的大拇指放在画线处，顶住锯片，透过锯背观察，将锯片向一侧倾斜，对齐燕尾头的侧面画线。先回拉锯片两三次建立切口，然后全长度平稳锯切，注意放松握锯。先锯切所有向右倾斜的侧面，再锯切所有向左倾斜的侧面。

11

把尾件边缘朝上固定在台钳中，凿切去除半插头沿基线的小块木屑，建立切口。

12

沿切口锯切，去除半插头废木料。以相同的操作锯掉另一个半插头的废木料。

13

去除插口废木料，方法跟之前相同。

14

对插口底部做最后的切削修整。

15

将销件端面朝上竖直固定，用手工刨支撑尾件的另一端，以尾件为模板，在销件的端面画线。

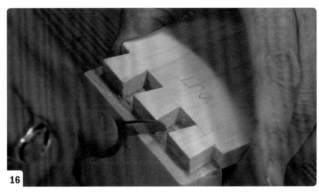

16

将燕尾头的端面对齐销件端面的插口深度线，沿着燕尾头的轮廓，用划线刀小心画线。

17

用铅笔加深画线，垂直于端面，将画线延伸到大面，与大面基线相交。用"×"标记废木料区域。

18

因为锯切插接头不能锯穿正面，所以难度很大，抽屉面板的正面不能显露任何接合痕迹。有两种方法可以选择。方法一，先锯切内侧转角，一直锯切到基线和插口深度线允许的位置。对插接头的侧面来说，这次锯切只是建立了一个切口。跟锯切全透燕尾榫一样，应在画线的废木料侧锯切。

19

方法二，锯缝越过基线，但不越过插口的深度线。这会在抽屉面板的背面留下延长的切口，不过因为从外面看不到，所以影响不大。实际上，这是流传至今的古老做法，在古董家具中相当常见。

20

水平固定部件，准备凿切去除对应燕尾头的插口废木料。图中，视线远方的锯缝只锯切到基线处，而另外两条锯缝明显越过了基线。

21

以粗凿的方式去除插口废木料。在距离基线约 $1/16$ in（1.6 mm）处下凿建立切口，方法同前。

22

从端面向内水平凿切。小心操作，因为木片很容易被撬起。重复竖直向下凿切、倾斜凿子撬起木片和水平凿切去料的过程，直到接近插口深度线。

23

小心切削去除剩余的废木料，每次切掉薄薄的一层。或者从基线和插口深度线交替切削。最后，靠近插口深度线只保留薄薄的一层木纤维。

24

端面朝上，竖直固定部件，垂直向下切削，去除最后一层废木料。以同样的方式清理槽壁以及内侧转角。

25

转角的底部往往很难清理。用窄凿伸入进去，每次清除一点点。用手指捏住凿子前端控制操作幅度，避免切削过头，或者用凿刃尖端轻轻刮削。这是非常精细的操作，不能心急。

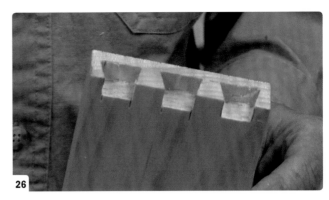

26

销件制作完成。

27

干接测试。检查尾件与销件的接合情况。

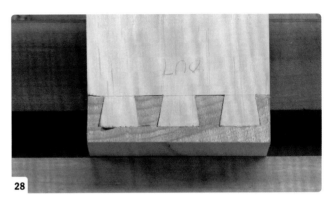

28

俯视检查接缝。销件最左边的插口明显切削过头，尾件最左边的半插头榫肩有些歪斜。这些小缺陷虽然不雅观，但不会影响接合效果。

29

刷涂胶水。用胶水、锯末自制填料或用市售的填料填补间隙。

30

待胶水凝固后，使用细刨，以浅刨削的方式斜向刨平面板端面。

完成接合的抽屉面板和侧板。

31

可滑动燕尾榫

普通可滑动燕尾榫

1

可滑动燕尾榫是横向槽接合的一种特殊版本。

2

横向槽的侧壁成斜面，与槽底共同形成一个狭长的燕尾榫插槽。配对部件的接头则是狭长的燕尾头，可以在插槽中滑动。

3

用铅笔标记尾件的宽度，并延长画线至边缘。

4

按照插槽深度设置划线规，在插槽宽度线之间画线，并用铅笔加深画线。保留划线规的设置，稍后为尾件画线。

5

用燕尾榫模板或可滑动斜角规，在插槽部件边缘标记1:6比例的斜面，斜面线穿过宽度线与深度线的交点。

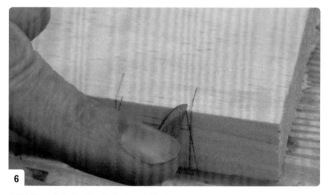

6

用划线刀在每条斜面线与大面的相交处划刻记号。

7

完成插槽的标记。

8

过标记横向于大面画线。把划线刀的刀尖放在标记处，将直角尺的靠山紧贴插槽部件前边缘滑动，抵靠划线刀，然后画线。

9

用划线刀沿画线的废木料侧制作切口。

10

跟锯切普通横向槽一样，唯一的区别是，要根据斜面角度向一侧倾斜锯片锯切。透过锯背看向边缘斜面线的远端，保持锯路与斜面线对齐。

11

倾斜锯片，对准记号下锯，锯路在废木料侧，平稳向下锯切，直到深度线处。

12

向另一侧倾斜锯片，锯切另一侧斜面。

斜面锯切完成。

13

14

用凿子从插槽的一端向内凿切，废木料卷曲脱落。先凿切到一半深度，然后每次凿切剩余深度的一半，直到接近深度线。

15

在插槽另一端重复同样的操作。

16

凿切去除中间部分的废木料，仍然从两端向中间凿切。

17

按照插槽深度设置平槽刨，对槽底做最后的精细刨削。

18

从两端向中间刨削。对于不易刨削的位置，可以一只手按住平槽刨的一侧，另一只手转动平槽刨刨削，以借助杠杆作用增加剪切力。

19

插槽制作完成。

标记尾件。木板端面必须刨削平整。用划线规在每个大面横向画线，来回滑动几次，确保画线清晰。这是燕尾头的榫肩线。

20

21

用划线刀加深画线。对小榫肩来说，这样就可以了。如果需要切割更深的榫肩，可以在画线的废木料侧制作切口，锯切到所需深度。

22

这是一种用于凿切端面燕尾头的简单引导夹具。夹具制作很简单，在木板一条边缘的一侧按照燕尾头的侧面角度刨削斜面即可。

23

把引导夹具固定在木工桌台面上，尾件端面与夹具边缘平行。保持凿背紧贴引导夹具斜面，凿子刃口前伸，确保两个边角刚好接触到大面的末端。如果高度不够，可以把引导夹具垫高。

24

在这里，为了能够正确对齐，引导夹具下面垫了一块胶合板。

25

在引导夹具引导下向前滑动凿子，切削到画线附近。

26

沿尾件的整个宽度持续切削。

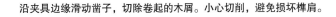

沿夹具边缘滑动凿子，切除卷起的木屑。小心切削，避免损坏榫肩。

27

如有必要，用划线刀沿榫肩切割，清除木屑。

翻转部件，以相同的方式固定引导夹具和尾件。

以相同的操作，切削燕尾头的另一个侧面，并用划线刀切断木屑。

将木屑清理干净后，完成尾件的制作。

将燕尾头插入插槽，并尽可能地向前滑动。

这种接合方式的摩擦阻力很大，在接合件存在不平整区域的情况下尤其显著。可以在部件边缘垫上一块边角料，用木槌敲打，小心地推动燕尾头插入插槽中。

检查前面。虽然燕尾头的一角有缺损，但很容易填补，所以整体接合依然紧密。

35

检查两侧榫肩。

36

检查背面。接合不是十分严密，但是不影响机械互锁结构。

锥度可滑动燕尾榫

1

锥度可滑动燕尾榫相比普通的可滑动燕尾榫变化微小，画线过程相同，只是插槽的一条画线在远端内收了 ⅛ in（3.2 mm），从而形成了带有锥度变化的插槽。

2

在尾件的端面画出同样的锥度线，形成锥度燕尾头。

3

确保画线的位置和方向正确，加工后的部件能够正确匹配。

4

锯切方法与锯切普通可滑动燕尾榫一样，只不过锥度线这一侧需要同时考虑锥度变化。

5 插槽的凿切方法也与之前相同，只要凿子能够顺利通过插槽最窄处。

6 用平槽刨精修槽底，方法同前。

7 完成制作的锥度插槽。

8 制作尾件，与之前最大的区别是引导夹具的设置。尾件端面不再平行于夹具边缘，而是略微倾斜放置，确保凿子在夹具引导下可以沿锥度线凿切。

9 在燕尾头的宽端，凿子的边角刚好接触大面末端。

10 在燕尾头的窄端，尾件与引导夹具边缘距离的增加，使凿子刃口刚好对准锥度线。经过这样的设置，凿子刃口可以全程沿锥度线凿切。

沿锥度线凿切，在燕尾头最窄处应增加凿切深度。最后沿锥度线再凿切一次。

11

12

用划线刀沿榫肩切割，以释放木屑。随着燕尾头变窄，逐渐增加切割深度。

13

翻转尾件，加工燕尾头没有锥度的一侧。夹具设置和凿切方法与加工普通可滑动燕尾榫一样。

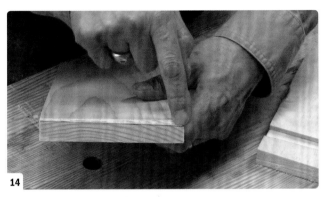

14

得到一个向后逐渐变窄的燕尾头。

15

燕尾头很容易滑入插槽，只是在末端稍有卡顿。

16

双手用力，将燕尾头安装到位。

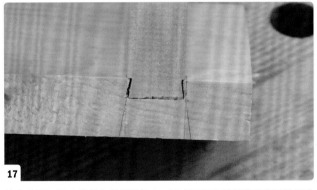

17

检查前面。图中的接合处间隙较大，反映了准确切割锥度燕尾榫的难度很大。为了解决这个问题，可以把燕尾头稍微做大一些，边测试装边调整，每次刮削掉一点，反复尝试，直至接合件匹配。

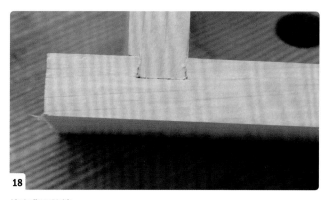

18

检查背面接缝。

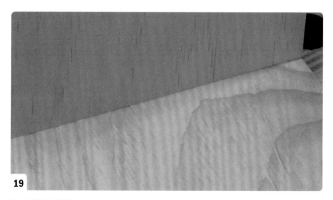

19

检查榫肩拼缝。

20

容易拆卸是锥度可滑动燕尾榫的特点之一。用拳头或木槌轻轻敲打尾件使其松动，燕尾头就可以轻松滑出。

21

锥度可滑动燕尾榫适合可拆卸式家具。因为长期使用接合会松动，所以部件必须木质坚硬耐用。锥度可滑动燕尾榫适合现场组装的家具。当然，也可以胶合。

第 7 章

钻孔

钻孔工具种类繁多,有曲柄钻、手摇钻、推钻、螺丝锥和锥子等。

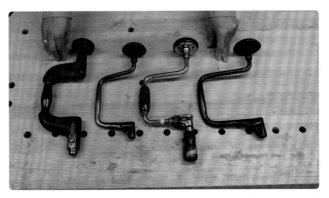

曲柄钻是重要的钻孔工具,可以安装大号钻头。曲柄钻的规格是以转动幅度,即曲柄的扫略直径或半径来界定的。曲柄钻的扫略半径是指手柄中心线到钻轴中心线的垂直距离。图中自左而右,分别是:7 号木质谢菲尔德(Sheffield)曲柄钻,8 号斯波福德(Spofford)曲柄钻,10 号棘轮曲柄钻,12 号斯波福德曲柄钻,它们的扫略半径分别为 3½ in(88.9 mm)、4 in(101.6 mm)、5 in(127.0 mm)和 6 in(152.4 mm)。

扫略半径是衡量曲柄钻杠杆作用的基础。扫略半径越大,曲柄钻旋转时的杠杆作用就越大。任何一款斯波福德曲柄钻都可以安装小号钻头,图右这款大号曲柄钻则更适合驱动大号钻头。

图右的棘轮曲柄钻,适合在曲柄无法整圈转动的狭小空间中使用。结构简单的曲柄钻更轻巧,更灵活。图左的斯波福德曲柄钻是我最喜欢的工具之一,是我钻孔的首选工具,很好用。

夹头类型多样,有斯波福德曲柄钻那样用指旋螺丝控制的简单方形夹头,有棘轮曲柄钻那样的复杂夹头,也有木质谢菲尔曲柄钻带插销的简单方形夹头。棘轮曲柄钻的夹头可以固定现代的六角钻头。

支罗钻钻头,从右向左依次是方锥形的柄脚、钻柄、锚爪、切削刃和导螺杆。支罗钻钻头是成系列的,以 ¹⁄₁₆ in(1.6 mm)为基准,代表型号和尺寸的数字 4~16,压印在方形柄脚末端。

锚爪的尖锐边缘用来切割圆孔的圆周，切削刃用来切削废料，并将废料向上推入螺旋中。导螺杆带动钻头钻穿木料，无须对它施加压力。

由于导螺杆的存在，只需在曲柄钻顶部施加足够的压力，保持钻头直立，同时提供旋转所需的力，钻头就可以钻穿木料。

转动曲柄钻，导螺杆会引导钻头进入木料，锚爪会切割出圆周，切削刃会拉出废料。在导螺杆钻穿木料底部时停止钻孔，然后翻转部件，在孔的另一侧重新插入导螺杆，钻穿孔的剩余部分。翻转部件后，导螺杆会迅速钻穿木料，失去牵引作用，但只需施加很小的压力，锚爪就可以钻穿木料。钻好的孔侧壁干净整齐。

通过调整棘轮颈环的位置调节棘轮曲柄钻。棘轮颈环居中，向前或向后转动棘轮曲柄钻都可以驱动钻头；棘轮颈环设置在一侧，棘轮被锁定，只能向前转动，无法反向转动钻头；棘轮颈环设置在另一侧，棘轮被锁定，只能反向转动，向前转动时无法转动钻头。

借助棘轮，可以小幅度来回移动棘轮曲柄钻，向前或向后驱动钻头，方便在边角等狭窄空间钻孔。反向转动时，钻头需要咬得住木料，借助木料的阻力，因此需要在棘轮曲柄钻上方施加一些压力。这会在开始操作时带来一点问题。导螺杆仍会引导钻头。

精确钻孔需要做到两点：精确定位和直线对齐。为了精确定位钻头，可以用锥子在钻孔中心打小孔，作为起始孔。

为了精确对齐，在木料表面垂直放置两把直角尺，两把直角尺的刀片同样彼此垂直。设置钻头，使钻头中心轴与直角尺刀片平行。在钻孔过程中，通过俯视和侧面观察，保持这种对齐关系。在最开始的几圈，如有必要，可以做较大的调整，之后，就要保持直线稳定钻孔，避免钻头摇摆、钻出歪斜的孔。

钻取角度孔，需要将钻头与可滑动斜角规的刀片对齐。对于椅子腿上的复合角度孔，需要使用两个斜角规帮助对齐。

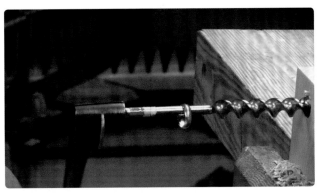

也可以水平方向钻孔。从上向下看，很容易判断钻头沿左右方向与部件表面的关系。但是钻头的上下方向呢？

可以用戒指帮助判断。把一枚戒指套在钻柄上，转动钻头时，如果钻头保持水平，戒指会停留在该位置；如果钻头不够水平，戒指会沿钻柄向前或向后滑动。借助戒指指示对齐情况不如使用直角尺精确，但在某些场合还是有效的。

可以使用老式的方形柄脚钻头钻取较大的孔，比如勺形钻头和图中这种中心尖刺钻头。

外周尖刺会沿圆周划断木纤维，切削刃会挖出废木料。由于这种钻头没有导螺杆，所以必须向下施加足够的力驱动钻头。使用这种钻头钻孔明显不够高效。

还有一些老式专用钻头，比如带有螺旋槽或凹槽的埋头钻头，以及一字螺丝刀。

手摇钻配备现代麻花钻，开小孔很方便。有些型号的手摇钻高速和低速可调，且手柄中空，可以放置钻头。

高传动比和较长的手柄，能够为钻头提供大扭矩和较快的旋转速度。锋利的钻头是高效钻孔的关键，不需要向下施加太大的压力，就可以有效完成钻孔。在油孔中滴几滴油，可以有效改善机械传动效率。

推钻可以有效钻取小孔。推钻需要安装专门的钻头。钻头可以更换，可存放在手柄中。

推钻以往复泵动的方式工作。向下施加压力，驱动钻头，推钻内部的弹簧会使钻头复位。

螺丝锥其实就是带有把手的简易螺旋钻头。

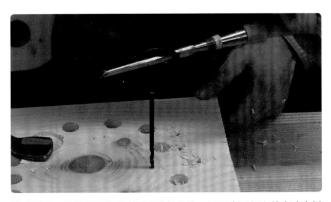

转动把手，像使用开瓶器那样驱动螺丝锥。可以在手柄上的大孔中插入凿子或木棍，从而获得更好的杠杆作用以转动手柄，同时，也更容易用力。如果直接用手拧螺丝锥，会很不舒服。

锥子是最简单的钻孔工具。左边是钻孔锥，右边是鸟笼锥。通常，钻孔锥用于为软木钻孔，鸟笼锥用于为硬木钻孔。锥子适合制作起始孔或引导孔。

钻孔锥的尖端类似凿刃，常用于在木料上钻取引导孔。将凿刃式的尖端横向于纹理放置，并用力按压，钻孔锥会切断木纤维，并在转动过程中依靠其锋利的刃口切除废木料。鸟笼锥因为常被用来为木制鸟笼打孔而得名，它具有方形的横截面。与钻孔锥类似，鸟笼锥也是利用锋利边缘的转动把孔眼清理干净的。

第8章

制作曲面部件

粗切曲面

切割曲面的工具多种多样，包括钢丝锯、各种弓锯、各种鸟刨、锉刀、凿子、刮刀和细木工横切锯等。

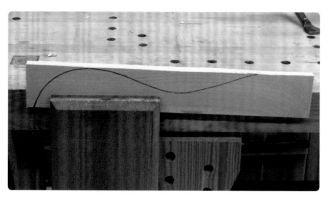

最简单的曲面部件是包含凸圆或凹圆曲线的部件，复杂的曲面部件则是由复合曲面结构组成。

切割曲面有两种主要方法。第一种方法，需要使用凿子和手锯这两种最基本的工具。

第二种方法，需要使用专门的弓锯。弓锯可以沿曲线锯切，薄锯片可以在锯切过程中灵活转向，也可以在框架中转动。

1 凿子是切割凸形曲面最简单的工具。开始的几次凿切可以大胆一些，大块去料。凿切曲面部件需要灵活的支撑和夹持策略，就像图中这个木工桌挡头木的使用。大多数木工夹只适合朝一个方向用力和直线固定。在凿切曲面部件的不同弯曲部分时，需要不断改变部件的方向和位置，部件纹理相对于工具的方向也在不断变化。

2 接近画线时，改为较精细的凿切。抬高手柄，沿画线的废木料侧下凿，用木槌辅助敲击。这种凿切方式类似于简单的雕刻，通过一系列小的直线凿切，粗切出弧面的轮廓。

3

当大部分曲面位于木料端面时，必须小心地薄切，防止损坏末端。

4

把部件放平，完成端面末端部分的凿切或切削。通过一系列小的直线切削获得近似的曲线轮廓，细小部位用凿刃的边角切削。

5

凹面的切削过程与上述过程类似。先在废木料侧垂直向下做止位凿切，再凿切去除废木料。止位凿切的切口可以限制去除废木料的范围，从而避免了撕裂木料。如果不做垂直切口，木料很容易开裂，且裂口会一直延伸到画线的另一侧。

6

通过一系列深度凿切去除大部分废木料，逐渐接近画线。根据曲线走向，凿子刃口斜面朝下凿切凹面内侧，就像凿子刃口斜面朝上凿切凸面外侧那样。

7

接近画线时，刃口斜面交替向上或向下，根据画线走向切削。可以制作小的垂直切口，以控制每次切削的幅度。

8

如果废木料区域较大，可以用横切锯垂直向下锯切出一系列的止位切口，切口底部位于画线的上方。凸面和凹面都可以使用这种方法。切口间距取决于木材种类及其纹理特性，以及曲面的复杂程度。

9

用凿子切入止位切口，切口之间的废木料很容易顺纹理方向碎裂。

10

先清除凹面底部的废木料，再沿一侧向上爬坡凿切。凿切时向中间用力以分离木料，确保产生的裂缝不会延伸到需要保留的区域。

11

用相同的方法爬坡凿切另一侧的废木料，从底部向顶部凿切，使废木料都倒向凹面中间。

12

凿切后的表面留下了一系列的小台阶，保持凿子刃口斜面朝上，按照凸面画线凿切去除废木料。要从高点到低点，顺坡向下凿切。在曲面的最顶端，从中间向两侧凿切。

13

凿子刃口斜面朝下顺着凹面画线凿切。对于曲面底部，要从两侧向中间凿切。不要一侧从高到低凿切，另一侧从低到高凿切。凹面和凸面，最终都可以用凿子切削干净。

14

完成粗切的曲面轮廓。不要担心表面坑洼，后续的精修可以将其消除。

15

弓锯可以沿曲面锯切。锯切时，锯齿朝向推动方向。用来张紧锯片的绳子和栓扣也被称为西班牙绞盘。拉紧绳子，弹拨锯片以判断锯片的张力。锯片具有足够的张力，在将锯片推过木料时，锯片才不会弯曲变形，因此，张力较大的锯片更好用。弓锯不用时，必须释放锯片的张力。

16

水平锯切时，有两种常用的握锯方法。第一种方法，一手握住把手，食指前伸抵靠锯框以稳定锯片，另一只手可以扶住锯框，辅助控制锯切。围绕曲面锯切时，根据曲面走势转动锯片，很容易清除废木料。弓锯的锯片很长，全幅度平稳锯切很迅速。

17

第二种握锯方法，一手握住锯框，手腕靠在把手位置，为弓锯提供稳定性和平衡性。另一只手可以握住锯框，也可以扶住把手和手腕。弓锯的另一种使用方法：把部件平放在台面上，垂直向下锯切。以这种方式锯切，应手握把手，使锯框悬空在手的下方。

18

小型弓锯的锯片更为细窄，可以贴靠曲率较大的曲面锯切，只是锯切速度较慢。

19

钢丝锯是另一种简单的选择。其锯片细而短，锯切速度慢，锯齿向后，通过拉据锯切。

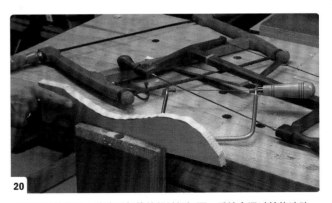

20

完成粗切的曲面。波浪形起伏的粗糙锯切面，后续会通过精修消除。

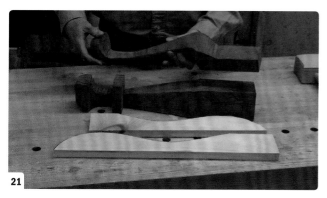

21

上述这些方法同样适用于锯切复合曲面，比如弯腿的轮廓。粗糙厚重的弯腿坯料经过锯切形成曲线优美流畅的轮廓。弯腿中间的凸起部分用于在锯切其他部位时夹紧。

22

内弯圆口凿是精修凹面的过渡工具，其刃口斜面位于槽内，也就是凿子内侧。也可以使用外弯圆口凿，其刃口斜面位于凿子外侧。用于雕刻的圆口凿大多是外弯圆口凿。

23

保持内弯圆口凿直立，凿刃靠近画线，小心向下切削。操作时用肩膀顶住凿柄，借助整个上半身的重量横向于纹理下压。对于重型凿，可以用木槌辅助敲击。多次切削，切除废木料，逐渐接近画线。圆口凿形成的扇面形切口，很容易用精细的工具消除。使用外弯圆口凿，需要先旋转凿子，使其刃口斜面贴靠切口垂直向下。对于凸面，可以使用短刨或凿子进行过渡修整。过渡修整步骤可以让你更快地完成操作，不用考虑接近画线的问题。

24

处理图中这种曲率变化急剧的 V 形切口，可以使用细弓锯。像图中这样握持弓锯，保持锯身直立，根据曲线方向转动锯片锯切。

25

转动锯片贴合曲面，然后转动锯框沿画线锯切。抓握锯框锯切更为稳定，有利于控制操作。锯切这个 V 形切口时，可以先从一侧锯切到最低点，然后退出锯片，从另一侧继续锯切到最低点。

精修曲面

精修曲面是一种艺术，需要不断变换工具和方向。鸟刨刨身短小，既能够贴合凸面，也可以贴合凹面，非常适合修整曲面。操作鸟刨时，主要依靠大拇指和食指的指尖轻扣两端的把手，其他手指松散地环绕把手，不能太用力。鸟刨操作灵活，既可以前推，也可以后拉，需要注意的是，要始终顺纹理操作。

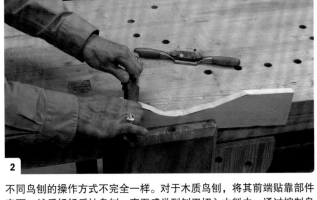

不同鸟刨的操作方式不完全一样。对于木质鸟刨，将其前端贴靠部件表面，然后轻轻后拉鸟刨，直至感觉到刨刃切入木料中。通过控制鸟刨的起始姿态来控制刨削深度。向后滚动鸟刨，使其前端与木料表面的接触减弱，可以增加刨削深度；向前滚动鸟刨，使其前端与木料表面的接触增强，可以更浅地刨削。你需要做一些尝试，加深体会。

一旦确定了合适的刨削深度，保持刨削角度，沿曲面平稳地滑动鸟刨刨削。从曲面的最高处起始，顺坡向下刨削。

调转鸟刨的刃口方向，确定合适的刨削角度，平稳地拉刨，从最高处出发，顺坡向下刨削另一侧曲面。适当倾斜鸟刨有助于刨削。凹面的处理方式相似，同样是从曲面顶端出发，顺坡向下刨削，因此整体上是从两侧向中间刨削。倾斜鸟刨可能有利于刨削，但也会干扰后续的曲面刨削。

对于金属鸟刨，同样主要依靠拇指和食指的指尖握持，不同的是，要用金属鸟刨的后端贴靠部件表面，然后向前滚动鸟刨，直至感觉到刨刃切入木料中。大多数金属鸟刨都有刨削深度调节螺丝。也可以调整刨刀刃口相对于刨口的偏斜角度，使刨刃一侧做深刨削，一侧做浅刨削，从而沿整个刨刃宽度形成连续变化的刨削深度。

从凸面的最高点向下推动鸟刨刨削，鸟刨倾斜与否差别不大。

7

从最高点顺坡向下拉动鸟刨刨削，直至凹面中央。

8

相比于调转鸟刨方向，也可以改变站立的位置。每块木料都是不同的，刨削过程中需要不断改变握刨的方向以及站立的位置。你要对鸟刨随木料纹理或曲面变化的反应保持敏感，并根据需要及时调整。鸟刨宛如一支画笔，可以随意勾勒出想要的曲线。这也是使用手工工具操作很好玩的原因之一。

9

也可以向一侧倾斜鸟刨，为曲面边缘倒角。保持倒角的角度，根据曲线的起伏变化，交替推拉鸟刨，完成刨削。

1

细木工锉刀也是一种多功能的精修工具。锉刀整体呈半圆柱形，一侧是平面，一侧是半圆面。锉齿是手工研磨的，随机分布，可以避免划伤木材表面。图中是一把粗锉刀，其尖端方便处理狭窄的部位。

2

用锉刀的平面锉削凸面。适当倾斜锉刀，将锉刀向前推动，同时沿曲面顺纹理侧向移动。锉刀可以以不同的角度工作，可以垂直于纹理，可以斜向于纹理，还可以平行于纹理。改变压力可以控制锉削量。不要反复锉削某个位置，以免破坏曲线的整体弧度。沿整个曲面锉削有助于形成圆润光滑的表面。

3

用锉刀的圆面锉削凹面。操作方式与凸面的锉削相同，前推锉刀的同时，沿曲面侧向滚动锉刀。

4

用锉刀尖端处理细节区域。同样倾斜锉刀，并侧向滚动，注意不要局部过度锉削。

5

鸟刨刨削可以得到光滑的表面。锉刀锉削后的表面则比较粗糙，可以用刮刀刮削干净。

6

用刮刀沿凹面向下铲削。对于凹面底部，可以拉动刮刀向着身体方向刮削。对于凸面，保持刮削角度，滚动刮刀进行刮削。其他工具加工后的粗糙表面，同样可以用刮刀刮削光滑。

这些工具协同使用，可以快速修整粗糙的条块状区域。根据曲面和木料的纹理情况来回切换工具，单独依靠一种工具是不能完成所有操作的。用手指来回触摸曲面表面，体查是否存在凸起或粗糙的点。

用锉刀尖端处理曲率变化急剧的曲线位置。这些位置空间狭小，只能一点点地锉削。

操作时应始终顺纹理下坡锉削。不过，锉削方向并不总是显而易见的。部件在台钳上的固定方向、木料的纹理方向，以及曲面延伸方向与纹理的关系等，都会影响对锉削方向的判断。曲面不同位置的情况往往各异，需要随机应变。图中的示例，在将锉刀前推顺纹理锉削的同时，还要向左滚动锉刀，沿曲面上行。

如果需要去除的废木料不多，可以直接用鸟刨和锉刀处理平面，塑造曲面，从而省去了粗切步骤。使用鸟刨从两端向中间刨削，可以挖出凹面；相反，从中间向两端滚动刨削，可以制作凸面。锉刀的操作方式与鸟刨类似，此外，锉刀更适合横向于纹理锉削。先完成曲面的锉削，再用更为精细的工具完成塑形。组合使用工具可以使操作更灵活。